공간정보표준 활용 가이드

— 벡터데이터 DB 구축 —

국토교통부
한국국토정보공사

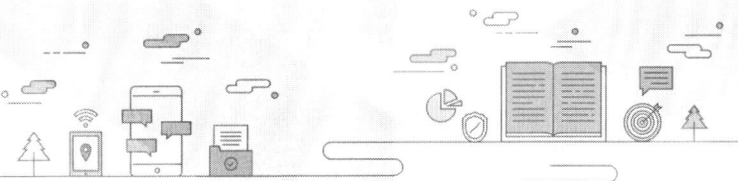

" 당신의 공간정보데이터를 표준으로 이야기해 주세요. "

표준(標準) 사물의 정도나 성격 따위를 알기 위한 근거나 기준
표준화(標準化) 사물의 정도, 성격 따위를 알기 위한 근거나 기준을 마련함

대한민국의 공간정보산업은 1995년 국가GIS구축사업을 시작으로 발전하였으며, 공간정보 분야에서 생산자가 곧 소비자인 시대에서 4차 산업혁명을 맞이한 지금은, 공간정보 생산자가 소비자이고, 다양한 분야의 공간정보 소비자가 또 다른 생산자가 되는 등 데이터 융·복합을 통한 새로운 가치창출을 바라보는 시대로 패러다임이 변화하고 있습니다.

이러한 시대적 변화로 공간정보는 가치창출의 중요한 재료로 부각되어, 공간정보를 통해 가치창출을 극대화할 수 있도록 공간정보 생산자는 다양한 분야의 소비자에게 생산된 공간정보에 대해 일관성 있는 "언어"로 설명이 필요하게 되었습니다.

"공간정보표준"은 공간정보 생산자와 소비자가 소통할 수 있는 언어이며, 공간정보표준을 통해 공간정보 데이터를 일관성 있게 설명할 수 있습니다.

국토교통부는 표준을 통한 소통을 위해 국가공간정보 기본법 개정 등 제도적 장치를 마련하고, 표준지원기관(한국국토정보공사)을 지정하여 공간정보 표준의 연구·개발, 공간정보 표준 적용에 대한 사전검토 및 사후검토 등 공간정보 표준화 확산을 위해 다양한 정책과 교육을 추진하고 있으며, 이와 같은 노력의 일환으로 공간정보표준 활용 가이드를 제작하게 되었습니다.

「공간정보표준 활용 가이드」는 공간정보 소통 언어인 "공간정보표준"을 이해하고, 생산된 공간정보 데이터를 표준으로 설명할 수 있는 첫걸음입니다.
이 책의 가장 중요한 목표는 가이드 사용자가 공간정보표준을 완벽하게 마스터 하는 것이 아니라, 사업 수행의 전 과정에서 필요한 표준을 소개하고, 사례를 통해 생산된 데이터가 어떻게 설명되는지 이해를 돕고자 합니다.

향후, 공간정보표준으로 당신의 공간정보 데이터를 이야기할 수 있도록 본 가이드의 개정판 제작과 타 사업분야의 가이드 제작 관련 교육실시 등 노력을 아끼지 않겠습니다.

우리와 함께 당신의 공간정보데이터를 표준으로 이야기해 주시겠습니까?

2019년 10월
국토교통부

목 차

Ⅰ. 공간정보표준 활용 가이드 개요 ·· 1
1.1 추진배경 및 목적 ··· 1
1.2 가이드 구성 및 활용 ··· 1

Ⅱ. 공간정보 벡터데이터 구축을 위한 표준 활용 가이드 ································ 7
2.1 공간정보 벡터데이터 구축 ·· 7
2.2 공간정보 벡터데이터 구축 단계별 적용 표준 ·· 8

Ⅲ. 도시계획정보체계 DB구축사업 표준 적용 사례 ······································ 57
3.1 사업수행 초기 단계 ··· 75
3.2 사업수행 중기 단계 ··· 95
3.3 사업수행 완료 단계 ··· 103

[부록]
〈부록 1〉 공간정보표준 용어모음집 ·· 129
〈부록 2〉 공간정보표준 INDEX ·· 157

[표 차례]

〈표 1〉 벡터데이터 DB구축사업 단계별 적용 표준 ·· 71
〈표 2〉 공정별 데이터베이스 구축대상 및 형태 ·· 82
〈표 3〉 도형자료 구축대상 정의 ·· 93

[그림 차례]

〈그림 1〉 공간정보표준 활용 가이드 표지 및 목차 이미지 ···································· 3
〈그림 2〉 공간정보표준 활용 가이드 구성(안) ·· 4
〈그림 3〉 벡터데이터 구성요소 ··· 7
〈그림 4〉 지리정보 구축을 위한 데이터 수집 예시 ·· 7
〈그림 5〉 공간정보 벡터데이터 DB구축 프로세스 ·· 8
〈그림 6〉 지리정보 도메인에 대한 상위 수준 모델 ·· 11
〈그림 7〉 사전검토표 서식 ··· 62
〈그림 8〉 표준적용계획서 서식 ··· 62
〈그림 9〉 국가공간정보표준 목록 사이트 ·· 65
〈그림 10〉 벡터데이터 DB구축 단계별 적용 표준 ·· 72
〈그림 11〉 UPIS 데이터베이스 구축 프로세스 ·· 74

◉ 공간정보표준 활용 가이드 작성

제 1 장 공간정보표준 활용 가이드 개요

1. 추진배경 및 목적
2. 가이드 구성 및 활용

Ⅰ. 공간정보표준 활용 가이드 개요

1.1 추진배경 및 목적

국가공간정보기본법 제23조 [표준준수 등의 의무]에서는 관리기관의 장은 공간정보체계의 구축·관리·활용 및 공간정보의 유통에 있어 이 법에서 정하는 기술기준과 다른 법률에서 정하는 표준을 따라야 한다고 명시하고 있다. 이렇듯 표준준수 등의 의무와 국가표준의 제·개정의 표준 활동, 관련기관의 표준교육의 노력에도 불구하고 공간정보의 구축·관리·활용 및 유통에 있어서 생산자와 소비자 모두 표준의 이해와 적용에 어려움을 겪고 있다.

또, 자율주행, 드론, 모바일 등 공간정보 생산 방법이 다양해지고, 스마트시티, 디지털트윈 등 다양한 공간 정보 구축과 서비스를 연계하기 위한 공유체계 확산의 필요성이 증대되면서 공간정보사업의 표준 적용 필요성에 대한 인식이 대두됨에 따라 공간정보표준 활용을 위한 직접적인 가이드의 필요성이 증가하고 있다.

따라서, 공간정보 표준 활용 가이드를 작성 배포하여 공간정보 DB구축 사업자의 표준 이해를 도와 적극적인 표준 적용과 활용을 유도하고, 표준 및 기술기준을 적용하여 데이터 간 융·복합과 서비스연계 등에서 발생할 수 있는 상호호환성 문제를 해소하여 공간정보의 대내외적 경쟁력을 확보하고자 한다.

1.2 가이드 구성 및 활용

1.2.1 가이드 구성

가이드는 크게 3개의 장으로 구성되어 있다.

Ⅰ장 '공간정보표준 활용 가이드 개요'에서는 공간정보표준 활용 가이드 작성의 추진 배경과 목적을 제시하고, 가이드의 전반적인 구성과 공간정보사업 수행자가 벡터데이터 구축을 위한 가이드 활용 방법에 대해 설명한다.

Ⅱ장 '공간정보 벡터데이터 구축을 위한 표준 활용 가이드'에서는 공간정보 벡터데이터 구축 유형 설명과 유형별 적용해야 하는 표준목록을 제시한다. 가이드는 공간정보 벡터데이터 구축 단계별 적용 표준의 성격과 내용요약, 표준간의 관계를 확인할 수 있도록 연계표를 작성하여 제공한다.

Ⅲ장 '도시계획정보체계 DB구축사업 표준 적용사례'에서는 사업제안 → 사업수행 → 사업수행 완료의 수행 단계별 검토해야 하는 표준을 도시계획정보체계 DB구축사업을 사례로 담아 표준 적용을 설명한다.

본 가이드는 사용자의 이해를 돕기 위한 KeyPoint, Tip, 고려사항, 예시 등을 포함하였으며, 특히 가이드에서 다루는 표준에서 사용된 용어와 가이드 본문에서 사용된 표준을 쉽게 찾을 수 있도록 〈부록1〉 공간정보표준 용어모음과 〈부록2〉 공간정보표준 INDEX를 첨부하여 필요할 때 참조할 수 있도록 하였다.

1.2.2 가이드 활용

본 가이드는 사용자의 이해를 돕기 위해 가이드 소개, 가이드 사용방법, 공간정보사업 수행단계별 적용 표준 목록 소개, 공간정보표준 활용 가이드로 구성하였다.

1) 표준 활용 가이드 목차

- **가이드 소개**
  공간정보사업 수행자의 공간정보표준에 대한 이해증진과 표준 적용 활동을 사업수행 과정별로 쉽게 접근하기 위한 가이드의 필요성 등 가이드 작성의 배경과 목적을 소개하고자 함.

- **가이드 사용방법**
  공간정보표준 활용 가이드의 문서 구조를 소개하여 사업수행자가 내용구성을 쉽게 파악할 수 있도록 함. 가이드의 문서 구조는 공간정보표준 활용 가이드의 본문 내용에 적용됨. 상세 내용은 (2) 공간정보표준 활용 가이드 부분에서 설명하고자 함.

- **공간정보사업 유형별 적용 표준목록 소개**
  「2018년 국가공간정보 표준화 연구」를 통해 공간정보사업의 유형에 따른 적용 가능한 표준 목록을 한 눈에 보기 쉽게 표로 작성하여 소개하고자 함.

- **공간정보표준 활용 가이드**
  - 가이드는 사업수행자가 사업을 원활하게 수행하기 위해 사업과정별 중심으로 과정마다 적용 표준을 간략하게 설명하여 이해를 돕고자 함.
  - 앞서 소개된 공간정보사업 유형 중 벡터데이터 DB구축사업을 집중으로 하여 표준 항목에 따라 그 내용을 소개하고, 이를 통해 DB구축사업 시 적용 가능한 표준을 이해하고 그에 따른 연계 표준을 확인하여 활용하고자 함.
  - 또한, 사업과정별 적용 가능한 표준에 대해 추가로 제공된 정보를 확인하여 필수 또는 선택적으로 사업 내용에 알맞게 활용할 수 있도록 함.
  - 대표적인 DB구축사업 수행 과정을 표준 적용사례로 설명하여 이해를 돕고자 함.

- **공간정보표준 용어모음집**
  가이드에서 다루고 있는 대상의 표준에서 정의하고 사용하는 용어를 쉽게 찾을 수 있도록 공간정보표준 용어 정의를 작성함.

- **공간정보표준 INDEX**
  공간정보표준을 가이드 본문에서 쉽게 찾을 수 있도록 INDEX를 작성함.

<그림 1> 공간정보표준 활용 가이드 표지 및 목차 이미지

2) 공간정보표준 활용 가이드 절차 및 내용

DB구축사업 유형별 적용 표준에 대한 가이드이며, 내용구성 목록은 다음과 같음.

- **사업수행 단계**
  : DB구축 사업수행 단계인 사업 이전, 사업 초기, 사업 중기, 사업 완료를 표시함.

- **사업 정의 및 적용 표준목록**
  : 사업수행에 따른 정의와 적용 표준목록을 설명함.

- **사업과정 순서**
  : 사업수행 단계의 세부 과정을 표시함.

- **과정 소개 및 적용 표준**
  : 사업과정 소개와 적용 표준에 대해 요약 설명함.

- **Tip / 표준 적용사례**
  : 사업에서 필요한 표준 적용의 핵심 체크 사항을 설명하여 사업수행자가 알맞게 필수 또는 선택적으로 활용하기 위해 제공함.

공간정보표준 활용 가이드작성

〈그림 2〉 공간정보표준 활용 가이드 구성(안)

공간정보표준 활용 가이드 작성

제 2 장 공간정보 벡터데이터 구축을 위한 표준 활용 가이드

1. 공간정보 벡터데이터 구축
2. 공간정보 벡터데이터 구축 단계별 적용 표준

II. 공간정보 벡터데이터 구축을 위한 표준 활용 가이드

2.1 공간정보 벡터데이터 구축

◀ 벡터데이터란?

벡터데이터의 주요 구성요소는 점(Point)과 선(LineString) 그리고 면(Polygon)이다. 각 요소는 지도를 표현(Rendering)할 때 사용된다. 첫 번째로 점 데이터는 지도상에서 주요 지점을 표현하는 텍스트나 아이콘 심볼을 표현할 때 사용하는데 X축(위도)과 Y축(경도) 좌표를 가지고 있다. 두 번째 선 데이터는 지도상에서 도로중심선이나 철도, 지하철, 행정경계선, 국가경계선, 등고선 등을 표현할 때 사용하며 각 점들을 선으로 연결하여 하나의 연속된 선형으로 표현한다(OpenGIS SimpleFeature에서는 LineString이란 용어를 사용). 마지막으로 면 데이터는 건물이나 공원, 단지, 강, 바다, 도로면 등을 표현할 때 사용하고 데이터 형식은 선 데이터와 유사하나 점 배열(Point Array)의 첫 번째 점과 마지막 점이 연결된 하나의 다각형으로 정의하기도 한다.[1]

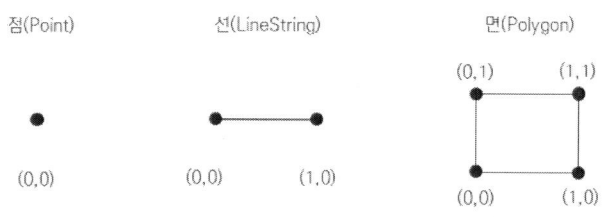

〈그림 3〉 벡터데이터 구성요소

◀ 벡터데이터 구축이란?

지리정보 구축을 위한 데이터 수집 방법과 종류는 다양하다. 벡터데이터 구축은 통신, 항공 드론 등 측량 및 측정에 사용되는 GPS수신 장비로부터 수집된 소스데이터를 점·선·면으로 구축하거나 이 데이터들을 다른 데이터들과 결합하여 파일 또는 데이터베이스 형태로 공간정보화 하는 것이다.

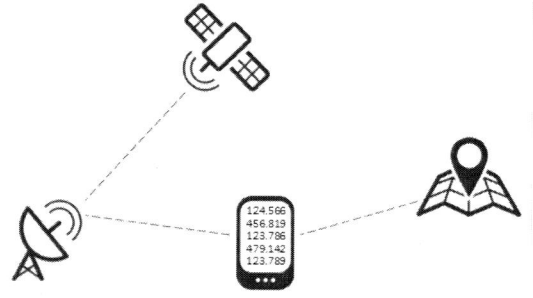

〈그림 4〉 지리정보 구축을 위한 데이터 수집 예시

---

[1] 출처 : https://d2.naver.com/helloworld/1174

2.2 공간정보 벡터데이터 구축 단계별 적용 표준

◀ 사업 프로세스 작성

<그림 5> 공간정보 벡터데이터 DB구축 프로세스

◀ 벡터데이터 DB구축 단계별 표준

DB구축 단계		표준 역할	표준번호	표준명
적용 시기	수행			
사업수행 이전	제안 내용 확인	참조모델	KS X ISO 19101-1	지리정보-참조모델
		용어	KS X ISO/TS 19104	지리정보(GIS)-제4부:용어
사업 수행 초기	작업계획 수립	참조모델	KS X ISO 19101-1	지리정보-참조모델
		절차/원칙	KS X ISO 19110	지리정보-지형지물 목록작성 방법론
	구축지침	절차/원칙	KS X ISO 19135	지리정보-지리정보항목등록절차
		데이터모델설계	KS X ISO/TS 19103	지리정보-개념적 스키마 언어
		데이터모델설계	KS X ISO 19109	지리정보-응용 스키마 규칙
		품질	KS X ISO 19131	지리정보-데이터 제품 사양
		메타데이터	KS X ISO 19115-1	지리정보-메타데이터
	자료조사 및 수집	공간참조	KS X ISO 19111	지리정보-좌표에 의한 공간참조
		공간참조	KS X ISO 19112	지리정보-지리식별 인자에 의한 공간참조
		데이터접근	KS X ISO 19125-1	지리정보-단순피처(특징)접근- 제1부:공통구조(아키텍처)
중기	구축 (또는 연계, 가공)	데이터접근	KS X ISO 19125-1	지리정보-단순피처(특징)접근- 제1부:공통구조(아키텍처)
		품질	KS X ISO 19131	지리정보-데이터 제품 사양
		품질	KS X ISO 19157	지리정보-데이터 품질
완료	검수 및 보완 (탑재)	품질	KS X ISO 19157	지리정보-데이터 품질
		메타데이터	KS X ISO 19115-1	지리정보-메타데이터
서비스	데이터 (또는 서비스)	품질	KS X ISO/TS 19158	지리정보-데이터 제공의 품질보증

사업수행 단계			
✔ 이전 단계	초기 단계	중기 단계	완료 및 서비스 단계

사업수행 이전 단계는 사업을 수주하기 이전의 단계로, 과업지시서 공고 이전의 발주자의 역할과 사업 수주를 위해 제안서를 작성하는 단계를 설명한다. 이 단계에서는 제안 내용을 확인할 때 공간정보의 전반적인 용어와 내용을 이해해야 하므로 KS X ISO 19101-1 지리정보 – 참조모델, KS X ISO/TS 19104 지리정보 – 제4부: 용어 표준을 적용하여 본 과정을 수행한다.

기반개념	KS X ISO 19101-1 지리정보 – 참조모델 – 기본사항
제·개정일	2018. 04. 12. 개정(2004. 11. 05. 제정)
사업분야	GIS일반(참조모델)
목적	지리정보 분야의 표준화에 대한 참조 모델을 정의
적용범위	상호운용성 개념을 기술하고 기본사항에 대하여 규정 응용 개발 방법이나 기술구현 방법과는 상관이 없음
내용	통합적이고, 일관된 방식으로 표준화하기 위한 참조모델 제공
구성	1-4. 적용범위, 적합성, 인용표준, 용어, 정의 및 약어 5. 상호운용성 6. 상호운용성 기초와 참조모델 범위 7. 실세계 추상화 8. KS 지리정보 참조 모델 9. 프로파일 부속서 A. 추상 시험 스위트 부속서 B. 상호운용성 레이어 부속서 C. 전자정부의 지리정보 상호운용성 부속서 D. SDI의 기반표준 부속서 E. 지리정보에서의 실세계 추상화 부속서 F. KS 지리정보 표준의 개요 부속서 G. 개념적 스키마 모델링 기능 : 요약
검사항목	• A.1 KS 지리정보 표준과 프로파일의 범위 　표준문서와 프로파일의 범위를 검사하고 개념적 프레임워크가 표준문서와 같이 구성되어야 한다(참조 : 5.1과 6.2). • A.2 개념적 형식 　표준이나 프로파일의 개념이 객체 지향적인 방법론과 일치하게 정의되어야 한다 (참조 : 7.2). • A.3.1 UML 클래스와 패키지 다이어그램 　표준이나 프로파일의 클래스와 패키지 다이어그램은 UML에 적합하여야 한다 (참조 : 7.3.1). • A.3.2 UML과 OCL 사용의 요구사항 　KS X ISO 19103에 KS 지리정보 표준에 사용할 UML과 OCL 버전에 대한 요구사항이 포함되어야 한다(참조 : 7.3.1) • A.4.1 웹 온톨로지 언어(OWL) 규칙 　ISO 19150-2가 KS X ISO 19103 요구사항에 적합한 UML 클래스와 패키지 다이어그램의 OWL에 필요한 모든 파생 규칙을 갖고 있어야 한다 (참조 : 7.3.2)

공간정보표준 활용 가이드

검사항목	
	• A.4.2 OWL 온톨로지 표준이나 프로파일에 UML 다이어그램에 대한 OWL 설명이나 웹의 OWL 리소스에 대한 참조가 포함되어야 한다(참조 : 7.3.2). • A.4.3 UML 모델과 OWL 온톨로지 공존 각 KS 지리정보 UML 클래스와 패키지 다이어그램이 해당 OWL 온톨로지를 가지고 있고, 두 개 모두 웹으로 접근할 수 있는 개별 등록소에서 유지되는지 검사한다(참조 : 7.3.2). • A.5 참조모델 - 메타데이터 : 시맨틱 기초 표준 KS 지리정보 표준의 프로파일이 명확히 식별되어야 한다 (참조 : 8.3.1, 8.3.2, 8.3.3, 8.3.4, 8.4.1, 8.4.2, 8.4.3, 8.4.4, 8.5.1, 8.5.2, 8.5.3, 8.5.4, 8.6.1, 8.6.2, 8.6.3 및 8.6.4). • A.6.1 프로파일 KS 지리정보 표준의 하위 집합이나 조합이 KS X ISO 19106에 규정된 요구사항을 충족시켜야 한다(참조 : 9.1, 9.2). • A.6.2 프로파일 개발 프로파일이 ISO/IEC 10000-1의 필수지침에 적합하게 개발되어야 한다 (참조 : 9.1). • A.6.3 기본 표준 및/또는 모듈 통합 프로파일은 기본 표준과 프로파일 정의의 요구사항이 포함되어야 한다 (참조 : 9.1). • A.6.4 프로파일과 기본 표준과의 관계 표준이 프로파일 개발을 절차 표준으로 설명하여야 한다(참조 : 9.3).

KeyPoint

〈일반사항〉
참조 모델은 KS 지리정보 표준에서 제공하는 높은 레벨의 지리정보 측면을 제공하고, 이들이 통신을 위한 공통적인 기반을 제공하기 위해 서로 관련되는 방식을 설명한다.

〈그림 6〉은 지리정보의 도메인에 대한 상위 수준 모델의 다이어그램을 나타낸다. 이 다이어그램에는 다음을 포함한다.

- **다음과 같은 내용이 포함된 데이터 세트**
  1) 지형지물 특성, 지형지물 관계 및 지형지물 연산이 포함된 지형지물(지형지물에 대한 연산 정보를 위해 정의된 수학적 연산)
  2) 지형지물의 공간적인 측면을 설명하거나 속성값을 정의된 공간 내 위치와 연결하는 공간객체 지리정보의 공간 요소를 모델링하는 다음과 같은 두 가지 방식이 존재한다.
     - 벡터데이터를 사용하여 설명하는 지형지물이 점유한 공간인식
     - 공간에 대한 관심 값의 변화를 일부 분포 함수로 간주(예를 들면, 커버리지)
  3) 참조 시스템에서 제공하는 측정 단위를 사용하여 공간과 시간에서 공간객체 위치 설명

- **응용 스키마**
  응용 스키마는 데이터 세트의 기능을 설명한다. 또한, 응용 스키마는 데이터 세트의 지리정보를 완벽히 설명하는 데 필요한 공간객체 유형과 참조시스템을 식별한다. 데이터 품질요소와 데이터 품질 개요 요소 또한 응용 스키마에 포함된다.

- **메타데이터 데이터 세트**
  메타데이터 데이터 세트를 사용하면 사용자는 지리 데이터를 검색, 평가, 비교 및 정렬할 수 있다. 그리고 데이터 세트의 지리정보 관리, 구성, 콘텐츠 및 품질에 대해 설명한다. 지리 데이터 세트의 응용 스키마를 포함하거나 참조할 수 있다. 응용 스키마에 사용되는 개념에 대한 정의가 포함된 기능 카탈로그를 포함하거나 참조할 수 있다.

- **지리정보 서비스**
  소프트웨어 프로그램으로 구현되는 지리정보 서비스는 데이터 세트에 포함된 지리정보에서 작동한다. 이 서비스들은 변환과 보간 등의 조작 연산뿐만 아니라 검색 연산을 정확하게 수행하기 위한 메타데이터 데이터 세트의 정보를 참조한다.

  네트워크 환경에서의 서비스 접근데이터는 분산 데이터베이스 관리시스템에 분산되어 저장된다. 데이터 세트의 지형지물은 값의 세트와 연관되고, 그 값은 특정 지역의 정보를 제공하기 위하여 분산기능으로 얻는다. 지리적으로 표현되지 않는 지형지물 또한 KS 지리정보 표준과 관련이 있다. 이러한 지형지물은 공간적인 특성이 없는 응용 스키마에 포함될 수 있다.

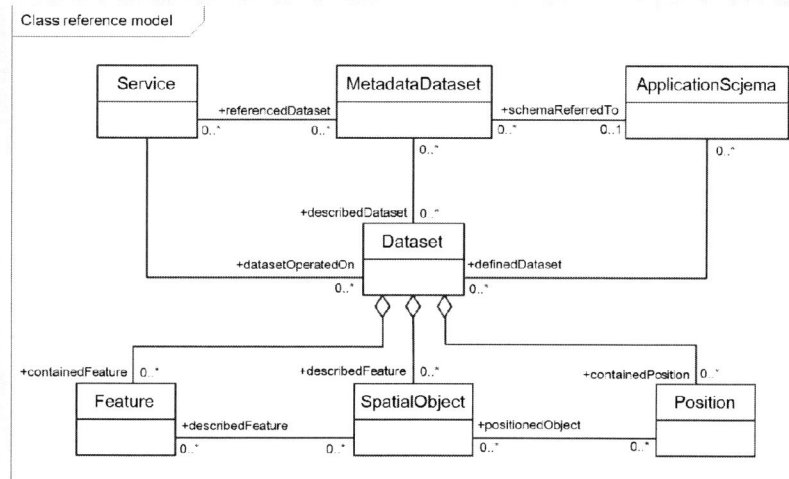

〈그림 6〉 지리정보 도메인에 대한 상위 수준 모델

〈참조 모델 개념적 프레임워크〉
참조 모델의 목적은 KS 지리정보 표준이 제공하는 지리정보 요소에 관한 높은 레벨이나 일반화된 개념 그리고 설명을 제공하는 것이다. 이 참조 모델은 KS 지리정보 표준과 관련된 구성요소를 식별하고, 의사소통을 위한 공통적인 기초를 제공하기 위해 서로 연관되는 방식과 관련된 구성요소를 식별한다.

이 표준은 CSMF(부속서 G 참조)와 유사한 다음의 네 가지 레벨분리를 채택한다.
- 메타-메타 레벨 : KS 지리정보 표준에 대해 더 일반적인 요소를 포함하므로 RM-ODP의 엔터프라이즈 관점과 관련이 있다.
- 메타 레벨 : 응용 개발에 필요한 KS 지리정보 표준의 요소를 포함한다. 그리고 데이터 유형, 데이터 구조, 지리정보 인코딩용 언어 등의 요소를 정의하는 표준뿐만 아니라 규칙 기반 표준을 포함한다.
- 응용 레벨 : 직접 구현 가능한 영역을 설명하는 KS 지리정보 표준의 요소를 포함한다. 그리고 메타데이터용 응용 스키마와 특정 도메인과 응용을 제공하는 온톨로지를 포함한다.
- 인스턴스 레벨 : 데이터, 인코딩된 데이터, 서비스 또는 응용 또는 응용 처리 데이터를 포함한다.

참조 모델 개념적 프레임워크				
레벨	기초 상호운용성			절차 표준
	시맨틱 기초	구문 기초	서비스 기초	
메타 - 메타	메타-메타:시맨틱	메타-메타:구문	메타-메타:서비스	메타데이터:절차
메타	메타:시맨틱	메타:구문	메타:서비스	메타:절차
응용	응용:시맨틱	응용:구문	응용:서비스	응용:절차
인스턴스*	인스턴스:시맨틱	인스턴스:구문	인스턴스:서비스	인스턴스:절차

* 이 인스턴스 레벨은 완벽성을 기하기 위해 참조 모델 개념적 프레임워크에 포함되지만, 이 표준의 범위가 아니다.

공간정보표준 활용 가이드

연계표

KS X ISO 19101-1:2014 지리정보 – 참조모델 – 제1부: 기본사항	
개요	
1. 적용범위	
2. 적합성	
3. 인용표준	
4. 용어, 정의 및 약어	
5. 상호운용성	
6. 상호운용성 기초와 참조 모델 범위	
7. 실세계추상화	
KS X ISO/TS 19103	6. 이 표준의 UML 프로파일
8. KS지리 정보 참조 모델	
KS X ISO/TS 19101-2	6. 정보관점의 지리적 영상
9. 프로파일	
KS X ISO 19106	12. 프로파일 문서의 구조
	13. 프로파일 준비와 채택
부속서A. 추상 시험 스위트	
KS X ISO/TS 19103	부속서C. 모델링 가이드라인
KS X ISO 19106	8. 프로파일이 기본표준을
	9. 프로파일의 내용
	10. 프로파일의 적합성 요건
	11. 프로파일의 식별
	12. 프로파일 문서의 구조
	13. 프로파일 준비와 채택
부속서B. 상호운용성 레이어	
부속서C. 전자정부의 지리정보 상호운용성	
KS X ISO 19136	8. GML스키마-X링크와...
KS X ISO 19139	6. 요구사항
	9. 인코딩 설명
부속서D. SDI의 기반 표준	
부속서E. 지리정보에서의 실세계 추상화	
KS X ISO/TS 19103	6. 이 표준의 UML 프로파일
KS X ISO 19109	6. 배경
	8. 응용 스키마 규칙
부속서F. KS 지리정보 표준의 개요	
부속서G. 개념적 스키마 모델링 기능: 요약	

기반개념	KS X ISO 19104 지리정보(GIS) - 제4부 : 용어
제 · 개정일	2018. 12. 20. 개정(1999. 12. 16. 제정)
사업분야	GIS일반(용어)
목적	지리정보 분야에서 국제적인 의사소통을 위해 사용 지리정보 분야의 용어에 대한 수집 및 유지관리를 위한 가이드라인을 제공
적용범위	모든 지리정보 용어를 조화롭게 표준화하기 위해 ISO/TC 211(지리정보) 표준위원회에서 지시 및 정의한 지리정보 용어를 수집함. 이를 기초로 지리정보에 관하여 사용되는 용어 및 이에 대응하는 영어에 대하여 규정함
내용	모든 지리정보 용어들을 조화롭게 표준화시키기 위해 ISO/TC 211(지리정보) 표준위원회의 각 작업반(WG: Working Group)과 프로젝트팀(PT: Project Team)에서 제시된 지리정보 용어들을 수집하고 용어 정의를 수립
구성	1-5. 적용범위, 적합성, 인용표준, 용어와 정의, 약어 및 용어 6. 일반원칙 7. 개념의 선택과 조화 8. 용어 엔트리 9. 제출된 문서의 용어 엔트리 표현 10. 용어 등록물 부속서 A. 추상 시험 스위트 부속서 B. 다중언어 환경 부속서 C. 용어 엔트리 형식 부속서 D. 핵심 정보 패키지의 보기 - ISO/TC 211 다중언어 용어집 부속서 E. 보충 정보 패키지의 보기 - ISO/TC 211 다중언어 용어집

Tip. KS X ISO 19104는 지리정보 용어들을 수집하고 용어 정의를 수립하는 방법에 대한 가이드라인 제공

데이터 구축 등 사업에서 표준의 지리정보 용어를 적용하여 활용하고자 할 때에는 한국국토정보공사에서 관리하는 공간정보표준 용어를 제공받아 사용하는 것을 권장한다.

공간정보표준 활용 가이드

연계표

KS X ISO 19104:2016 지리정보 - 용어	
개요	
1. 적용범위	
2. 적합성	
3. 인용표준	
4. 용어 및 정의	
5. 약어 및 용어	
6. 일반 원칙	
7. 개념의 선택과 조화	
8. 용어 엔트리	
9. 제출된 문서의 용어 엔트리 표현	
10. 용어 등록물	
KS X ISO 19115-1	5. 기호와 약어
KS X ISO 19103	6. UML의 이용
부속서A. 추상 시험 스위트	
부속서B. 다중언어 환경	
부속서C. 용어 엔트리의 형식	
부속서D. 핵심 정보 패키지의 보기 - ISO/TC 211 다중언어 용어집	
부속서E. 보충 정보 패키지의 보기 - ISO/TC 211 다중언어 용어집	

사업수행 단계			
이전 단계	✔초기 단계	중기 단계	완료 및 서비스 단계

사업초기에는 작업계획 수립, 데이터 구축 지침, 자료조사 및 수집을 수행한다. 이 단계에서는 최종 산출물인 데이터의 품질과 직결되는 **KS X ISO 19131 지리정보-데이터 제품 사양**이 가장 중요한 표준이다. 시스템 탑재를 고려한다면 KS X ISO 19125-1 지리정보-단순피처(특징)접근-제1부:공통구조(아키텍처)를 반드시 참고하여 데이터 제품 사양에 반영하도록 한다.

절차/원칙	KS X ISO 19110 지리정보 – 지형지물 목록작성 방법론
제·개정일	2018. 12. 20. 개정(2006. 05. 25. 제정)
사업분야	DB구축(절차/원칙)
목적	지리정보 사용자에게 지형지물의 유형을 목록화하는 방법론을 제시
적용범위	디지털 형태로 표현되는 지형지물의 유형을 목록화할 때 적용하며, 디지털 형태 이외의 다른 형태의 데이터들을 목록화할 경우에 확장하여 적용 표준에서 정의된 유형 수준의 지형지물 정의에 적용할 수 있으며, 유형보다 자세한 수준의 개별 사상 표현에는 적용할 수 없음
내용	지형지물 유형의 목록 작성에 대한 방법론을 규정
구성	1-5. 적용범위, 인용표준, 용어와 정의, 적합성, 약어 6. 요구사항 부속서 A. 추상 시험 스위트 부속서 B. 지형지물 목록 개념 스키마 및 데이터 사전 부속서 C. 인코딩 설명 부속서 D. 지형지물 목록 등록물 관리 부속서 E. 지형지물 목록작성 예제 부속서 F. 지형지물 목록작성 개념 부속서 G. 기존 지형지물 목록의 변환
검사항목	• A.2 개념 모델 적합성 클래스 　- 대부분의 명시된 요구사항은 지형지물 목록에 대한 개념 모델을 제약한다. 　- 적합한 개념 모델에 대해 명시된 단일한 요구사항 클래스는 표2에 정의된 모든 요구사항 클래스를 종합한다. 　- 이 요구사항에 대한 시험은 표 A.1에 나열되어 있으며, 적합성 클래스에 종합된 각각의 요구사항 클래스별로 분류된다. 　- 표 A.1에서는 다음과 같은 관례를 따른다. 　　→ "개체"(entity)는 개념 모델에서 인스턴스를 생성할 수 있는 정보 객체(object)를 표시하는 모델 요소를 가리킨다. 사용되는 모델링 패러다임에 따라 이들은 다른 라벨, 즉 "객체", "클래스", "요소", 또는 "지형지물" 등을 갖는다. 　　→ 어떤 조건 또는 시험에 모델 개체 이름이 포함되는 것은 개체 또는 어떠한 하위유형도 모델 인스턴스에 있는 해당 개체로부터 파생된다는 것을 의미한다. 　　→ 특질(property) 이름은 작은 따옴표(' ')로 표시하며 모두 소문자이다. • A..3 XML 스키마 적합성 클래스 　- XML 스키마는 부속서 B에 제시된 UML 모델로부터 규칙 기반 절차에 의해 생성되기 때문에, 그렇게 해서 생성된 스키마는 이 사양의 일부로 간주되며 XML 인스턴스 문서의 타당성 검증을 위한 시험에 사용된다. 　- 스키마는 이 표준의 한 부분으로 제시되기 때문에, 적합성 시험은 필요하지 않다. 　- XML 스키마 생성은 부속서 C에서 상세하게 기술되어 있다.

KeyPoint

- **지형지물 목록(feature catalogue)란?**
  지형지물 유형, 지형지물 속성 및 여러 지리 데이터 집합 간의 지형지물 관계, 그리고 적용 가능한 지형지물 연산에 대한 정의와 설명을 담은 목록
  비고 지형지물 관계는 지형지물 상속과 지형지물 연관관계를 포함한다.

다음은 **지형지물 목록 정보 필수 요소를 정리**한 데이터 사전이다.

〈데이터 사전〉
표1〉 지형지물 목록 - FC_FeatureCatalogue 클래스 특질을 설명한다.

NO	요소 유형/라벨	정의	최대 발생횟수	데이터 유형	영역
1	클래스: FC_FeatureCaltalogue	지형지물 목록은 몇 개의 지형지물 유형과 이들의 정의를 위해 필요한 다른 정보들을 포함한다.	-	-	-
	CT_Catalogue의 하위유형	ISO/TS 19139 참조 [CT_Catalogue에서 특질과 관계를 상속받는다.]	-	-	-
1.1	속성: producer	지형지물 목록의 내용에 대한 일차 책임을 갖는 사람 또는 기관의 명칭, 주소, 국가 및 정보통신 주소	1	KS X ISO 19115-1 메타데이터 기초: CI_Responsibility	-

표2〉 지형지물 유형 - FC_FeatureType 클래스의 특질을 설명한다.

NO	요소 유형/라벨	정의	최대 발생횟수	데이터 유형	영역
2	클래스: FC_FeatureType	공통의 특성을 갖는 실세계 현상의 클래스	-	-	typeName은 GF_FeatureType::typeName을 실체화, isAbstract는 GF_FeatureType::isAbstract를 실체화, constrainedBy는 GF_FeatureType::constrainedBy를 실체화
2.1	속성: typeName	해당 지형지물 유형을 포함하는 지형지물 목록 내에서 그 지형지물 유형을 유일하게 식별하는 문자열	1	LocalName	-
2.2	속성: definition	지형지물 유형에 대한 자연 언어 정의. 만약 정의가 FC_FeatureCatalogue::definitionSource를 통해 제공되지 않을 경우, 이속성이 필수이다. 만약 이 정보가 제공되지 않을 경우, definitionReference는 정의가 포함된 인용처 및 정의가 사용된 추가 정보에 대해서 기술해야 한다.	1	CharacterString	자유 텍스트
2.4	속성: isAbstract	지형지물 유형의 추상 여부를 표시함	1	Boolean	초기값=FALSE
2.9	역할: FeatureCatalogue	해당 지형지물 유형을 이를 포함하는 지형지물 목록에 링크시키는 역할	1	FC_FeatureCatalogue	-

표3〉 상속관계 - FC_InheritanceRelation 클래스 특질을 설명한다.

NO	요소 유형/라벨	정의	최대 발생횟수	데이터 유형	영역
3	클래스: FC_InheritanceRelation	FC_InheritanceRelation은 GF_InheritanceRelation을 실체화 한다.	-	-	FC_InheritanceRelation은 그의 GF_InheritanceRelation::uniqueInstance를 항상 TRUE로 간주한다.
3.2	속성: description	상속 관계에 대한 자연 언어 설명	1	CharacterString	자유 텍스트
3.3	속성: uniqueInstance	상위유형의 인스턴스가 그것의 하위유형에서 최대 하나의 인스턴스가 될 경우를 나타냄.	1	Boolean	-
3.5	역할: subtype	상속된 특질, 연관, 연산을 제공하는 상위 클래스 지형지물 유형과 연관된 지형지물 유형을 식별	1	FC_FeatureType	-
3.6	역할: supertype	특질, 연관, 연산을 상속하는 하위유형 클래스로부터 지형지물 유형을 식별	1	FC_FeatureType	-

4〉 특질 유형 - FC_PropertyType 클래스 특질을 설명한다.

NO	요소 유형/라벨	정의	최대 발생횟수	데이터 유형	영역
4	클래스: FC_PropertyType	지역 및 전역 지형지물 특질에 대한 추상 클래스	-	-	-
	FC_CarrierOfCharacteristics의 하위 유형	표 B.5	-	-	-
4.1	속성: memberName	지형지물 유형 내에서(지역 특질), 혹은 지형지물 목록 내에서(전역 특질) 이 구성 요소를 식별하는 구성요소원 명칭	1	LocalName	
4.2	속성: definition	자연언어로 작성한 구성요소의 정의: FC_FeatureCatalogue::definitionSource를 통해 정의가 제공되지 않을 경우, 이 속성이 필수이다. 이것이 제공되지 않을 경우, definitionReference는 정의가 포함된 인용처 및 정의가 사용된 추가 정보에 대해서 기술해야 한다.	1	CharacterString	자유 텍스트
4.3	속성: cardinality	지형지물 클래스의 구성요소에 대한 사상수. 속성 또는 연산일 경우, 사상수 기본값은 1이며, 연관관계 역할일 경우 기본 사상수는 0..*이다. 연산에서는 반환값의 수이다. 이는 다양한 프로그래밍 및 데이터 정의 언어에 대해서도 완전한 세부내용을 제공하기 위해 GFM을 상세화 한 것이다.	1	Multiplicity	초기값=1

4) 특질 유형 - FC_PropertyType 클래스 특질을 설명한다.(계속)

NO	요소 유형/라벨	정의	최대 발생횟수	데이터 유형	영역
4.6	역할: featureCatalogue	전역 특질이 속해 있는 지형지물 목록	1	FC_FeatureCatalogue	-

5) 특징 캐리어 - FC_CarrierOfCharacteristics 클래스 특질을 설명한다.

NO	요소 유형/라벨	정의	최대 발생횟수	데이터 유형	영역
5	클래스: FC_CarrierOfCharacteristics	지역 지형지물 특질 및 지형지물 유형과 결합된 전역 특질에 대한 추상 클래스	-	-	-
5.1	역할: featureType	지역 및 결합된 특질을 이들을 포함하는 지형지물 유형과 링크시키는 역할	1	FC_FeatureType	-

6) 지형지물 연산 - FC_FeatureOperation 클래스 특질을 설명한다.

NO	요소 유형/라벨	정의	최대 발생횟수	데이터 유형	영역
6	클래스 FC_FeatureOperation	연관된 모든 지형지물 유형의 인스턴스가 반드시 구현해야할 연산	-	-	triggered-ByValuesOf는 GF_Operation::triggered-ByValuesOf를 실체화, observesValuesOf는 GF_Operation::observesValuesOf를 실체 화, affectsValuesOf는 GF_Operation::affectsValuesOf를 실체화
	FC_PropertyType 의 하위유형	표 B.4	-	-	-
6.1	속성: signature	해당 연산에 대한 명칭 및 매개변수. 선택적으로 반환 매개변수를 포함할 수 있다. 이 서명은 일반적으로 formalDefinition에서 도출된다. 연산의 서명은 유일해야 한다. 이것은 UML 서명과 동등하다.	1	CharacterString	-

7) 결합 - FC_Binding 클래스 특질을 설명한다.

NO	요소 유형/라벨	정의	최대 발생횟수	데이터 유형	영역
7	클래스: FC_Binding	특질 유형이 특정 지형지물 유형과 결합되는 방법을 기술하는데 사용되는 클래스	-	-	-

7) 결합 - FC_Binding 클래스 특질을 설명한다.(계속)

NO	요소 유형/라벨	정의	최대 발생횟수	데이터 유형	영역
	FC_CarrierOf Characteristics의 하위유형	표 B.5	-	-	-
7.2	역할: globalProperty	bound globalProperty에 링크시키는 역할	1	FC_Property Type	

8) 제약조건 - FC_Constraint 클래스 특질을 설명한다.

NO	요소 유형/라벨	정의	최대 발생횟수	데이터 유형	영역
8	클래스: FC_Constraint	유형에 대한 제약조건을 정의하는 클래스	-	-	-
8.1	속성: description	적용되고 있는 제약조건에 대한 설명	1	CharacterString	자유 텍스트

9) 지형지물 속성 - FC_FeatureAttribute 클래스 특질을 설명한다.

NO	요소 유형/라벨	정의	최대 발생횟수	데이터 유형	영역
9	클래스: FC_FeatureAttribute	지형지물 유형의 특징	-	-	-
	FC_PropertyType 의 하위유형	표 B.4	-	-	-
9.3	속성: valueType	해당 지형지물 속성값의 유형; 이름공간으로부터의 명칭	1	TypeName	-

10) 연관 역할 - FC_AssociationRole 클래스 특질을 설명한다.

NO	요소 유형/라벨	정의	최대 발생횟수	데이터 유형	영역
10	클래스: FC_AssociationRole	지형지물 연관 FC_AssociationRole::relation의 역할	-	-	roleName=FC_ PropertyType:: memberName
	FC_PropertyType 의 하위유형	표 B.4 속성 유형	-	-	-
10.1	속성: type	해당 역할이 "is part of"인지, 또는 "is a member of"인지를 나타내는 연관 역할의 유형	1	FC_RoleType	초기값=1 ("ordinary")
10.2	속성: isOrdered	지형지물 인스턴스를 포함 하는 해당 연관관계 역할의 인스턴스가 순서를 갖는지를 나타냄(FALSE="순서가 없음", TRUE="순서가 존재"). TRUE일 경우, FC_PropertyType ::definition은 순서의 의미에 대한 해설을 포함해야 함.	1	Boolean	초기값=FALSE

10) 연관 역할 - FC_AssociationRole 클래스 특질을 설명한다.(계속)

NO	요소 유형/라벨	정의	최대 발생횟수	데이터 유형	영역
10.3	속성: isNavigable	해당 역할을 통해 연관관계의 원시자료 지형지물로부터 대상 지형지물로 항행할 수 있는지를 나타냄	1	Boolean	초기값=TRUE
10.4	역할: relation	이 연관관계 역할이 참여하고 있는 관계	1	FC_Feature Association	-
10.5	역할: rolePlayer	해당 연관관계 역할의 대상 값에 대한 유형	1	FC_FeatureType	초기값=1 ("ordinary")

11) 역할 유형 코드 목록 - FC_RoleType 클래스 특질을 설명한다.

NO	개념 명칭(영문)	코드	정의
11	Class FC_RoleType	-	역할 분류를 위한 코드 목록
11.1	Ordinary	일반	일반적 연관을 나타냄
11.2	Aggregation	집합관계	UML 집합 연관을 나타냄(부분 역할)
11.3	Composition	합성관계	UML 합성을 나타냄(구성원 역할)

12) 목록 값 - FC_ListedValue 클래스 특질을 설명한다.

NO	요소 유형/라벨	정의	최대 발생횟수	데이터 유형	영역
12	클래스: FC_ListedValue	코드 및 해석을 포함하는 열거된(enumerated) 지형지물 속성 영역에 대한 값	-	-	-
12.1	속성: label	지형지물 속성의 한 가지 값을 유일하게 식별하는 설명적 라벨	1	CharacterString	-

13) 지형지물 연관 - FC_FeatureAssociation 클래스 특질을 설명한다.

NO	요소 유형/라벨	정의	최대 발생횟수	데이터 유형	영역
13	클래스: FC_FeatureAssociation	해당 지형지물 유형의 인스턴스를 동일하거나 다른 지형지물 유형의 인스턴스와 링크시키는 관계 일반 지형지물 모델(GFM)의 memberOf-linkBetween 연관은 여기에서 직접 구현되지 않는다. 왜냐하면, 이 연관이 Role 연관과 MemberOf 연관을 조합함으로써 쉽게 도출될 수 있기 때문이다.	-	-	-
	FC_FeatureType 의 하위유형	표 B.2			
13.1	역할: roleName	이 연관관계에 참여하는 역할	N	FC_AssociationRole	합성관계

14) 정의 원시자료 - FC_DefinitionSource 클래스 특질을 설명한다.

NO	요소 유형/라벨	정의	최대 발생횟수	데이터 유형	영역
14	클래스: FC_DefinitionSource	정의의 원시자료(출처)를 기술하는 클래스	-	-	
14.1	속성: source	문서 식별 및 입수 방법을 파악할 수 있는 원시자료의 실제 인용처	1	KS X ISO 19115-1 메타데이터 기초:: CI_Citation	-

15) 정의 참조 - FC_DefinitionReference 클래스 특질을 설명한다.

NO	요소 유형/라벨	정의	최대 발생횟수	데이터 유형	영역
15	클래스: FC_DefinitionReference	데이터 인스턴스를 그것을 정의한 원시자료에 링크시키는 클래스	-	-	
15.2	역할: definitionSource	해당 정의 참조를 원시자료 문서를 위한 참고자료에 링크시키는 역할	1	FC_Definition Source	-

16) 현지화된 정의 참조 - FC_LocalisedDefinitionReference 클래스 특질을 설명한다.

NO	요소 유형/라벨	정의	최대 발생횟수	데이터 유형	영역
16	클래스: FC_Localised DefinitionReference	정의 참조를 대체 원시자료 참조에 있는 정의 참조의 번역으로 링크시키는 클래스	-	-	
16.2	역할: definitionSource	해당 로컬 정의 참조를 원시자료 문서의 인용처에 링크시키는 역할	1	FC_Definition Source	-

17) 결합 지형지물 속성 - FC_BoundFeatureAttribute 클래스 특질을 설명한다.

NO	요소 유형/라벨	정의	최대 발생횟수	데이터 유형	영역
17	클래스: FC_BoundFeature Attribute	전역 지형지물 속성이 특정 지형지물 유형으로 어떻게 결합되는지에 대한 상세한 기술을 위해 사용되는 클래스	-	-	
	FC_Binding의 하위유형	표 B.7	-	-	-
17.1	속성: valueType	해당 지형지물 속성의 값에 대한 유형. 이름공간으로부터의 명칭	1	TypeName	-

18) 결합 연관 역할 - FC_BoundAssociationRole 클래스 특질을 설명한다.

NO	요소 유형/라벨	정의	최대 발생횟수	데이터 유형	영역
18	클래스: FC_BoundAssociationRole	전역 연관 역할이 특정 지형지물 유형에 어떻게 결합 되는지를 상세히 기술하기 위해 사용되는 클래스	-	-	-
	FC_Binding의 하위유형	표 B.7	-	-	-
18.1	역할: rolePlayer	해당 연관관계 역할의 대상 지형지물 유형	1	FC_Feature-Type	-

연계표

KS X ISO 19110
지리정보 - 지형지물 목록작성 방법론

개요

1. 적용범위

2. 적합성

3. 인용표준

4. 적합성

5. 약어

6. 요구사항

   KS X ISO 19115-1　　　6. 메타데이터 요구사항

부속서A. 추상 시험 스위트

   KS X ISO/TS 19103　　　6. 이 표준의 UML 프로파일
   KS X ISO 19109　　　8. 응용 스키마 규칙
   KS X ISO 19139　　　9. 인코딩 설명

부속서B. 지형지물 목록 개념 스키마 및 데이터사전

부속서C. 인코딩 설명

부속서D. 지형지물 목록 등록물 관리

부속서E. 지형지물 목록작성 예제

부속서F. 지형지물 목록작성 개념

부속서G. 기존 지형지물 목록의 변환

절차/원칙	KS X ISO 19135 지리정보 - 지리정보 항목 등록 절차
제·개정일	2014. 12. 31. 개정(2006. 05. 25. 제정)
사업분야	DB구축(절차/원칙)
목적	등록물의 수립·관리·발간을 위한 절차 규정
적용범위	등록된 항목에 대한 식별, 의미부여, 등록 관리를 위한 필수적인 정보요소 기술
내용	지리정보 항목에 부여된 유일한, 명확한, 그리고 영구적인 식별번호 및 의미의 등록을 수립, 관리, 발간하는데 따라야할 절차 명시 등록된 항목에 대한 식별, 의미부여, 등록 관리를 위한 필수적인 정보요소 기술
구성	1-4. 적용범위, 적합성, 인용표준, 용어, 정의 및 약어 5. 등록물 관리의 역할 및 책임 6. 등록물의 관리 7. 등록 원칙 8. 등록물 스키마 부속서 A. 추상 시험 스위트 부속서 B. UML 표기법 부속서 C. ISO/TC 211에 의한 등록물 구축 부속서 D. 항목 등록 제안에 포함되어야 할 정보
검사항목	• A.1.1 등록물 소유자 책임 　등록물 소유자가 등록물을 위한 등록물 관리자 및 통제 기구를 확인하여야 한다. 또한, 제출 기구로 활동할 기구를 결정하는 기준을 규정해야 하며 통제 기구의 결정에 항소하는 절차를 수립하여야 한다(참조 : 5.2). • A.1.2 등록물 관리자 책임 　등록물 관리자가 등록물의 설명 및 제안 제출 방법을 포함하는 정보 패키지를 배포하여야 하며, 등록물 소유자가 규정한 간격으로 등록물 관리자가 등록물 소유자에게 보고서를 제공해야 한다(참조 : 5.3). • A.1.3 공인된 제출 기구에 의한 제출 　제출 기구가 등록물 소유자의 수립 기준을 만족시켜야 하며, 등록물 항목이 공인 제출 기구에서 제출한 것이어야 한다(참조 : 5.4.1, 8.9.10). • A.1.4 관리 절차 　등록물이 표준에 기술된 규칙에 따라 관리되어야 한다(참조 : 6). • A.1.5 등록물 내용 　등록물의 항목이 최소 사양 내용을 포함해야 한다(참조 : 8). • A.1.6 등록물 내용 발간 　등록물의 내용이 일반에게 공개되어있는지 검사해야 한다(참조 : 6.4). • A.2.1 주 등록물 　주 등록물이 하위 등록물에 관한 필요한 정보를 제공하여야 한다(참조 : 2.3). • A.2.2 하위 등록물 　하위 등록물이 주 등록물에 제공된 기술을 따라야 한다(참조 : 2.3). • A.3.1 공인된 등록물 관리자에 의한 관리 　ISO 웹 사이트에 보존된 등록물 당국 리스트를 검사하여 공인된 등록물 관리자가 등록물을 유지 관리해야 한다(참조 : C.2). • A.3.2 공인된 제출 기구에 의한 제출 　전체 제출 기구가 ISO/TC 211에서 구축한 기준을 만족해야 하며, 등록물 항목이 공인된 제출 기구에 의해 제출되어야 한다(참조 : C.6).

데이터모델설계	KS X ISO/TS 19103 지리정보 - 개념적 스키마 언어
제·개정일	2018. 12. 20. 개정(2004. 10. 21. 제정)
사업분야	DB구축(데이터모델설계)
목적	지리정보를 모델화하는 스키마 언어의 효율성을 위한 가이드라인을 제시
적용범위	지리정보의 표현을 위한 개념적 스키마 언어 상호운용성 확보를 위한 UML의 사용 방법
내용	지리정보 모델 또는 스키마를 개발하는 개념적 스키마 언어의 활용에 대해 규정
구성	1-5. 적용범위, 적합성, 인용표준, 용어 및 정의, 소개와 약어 6. ISO 19103 UML 프로파일 - UML의 이용 7. 핵심 데이터 유형 부속서 A. 추상 시험 스위트 부속서 B. UML 1 모델을 UML 2 모델로 매핑하기 위한 규칙 부속서 C. 데이터 유형 - 확장 유형 부속서 D. 형식 UML 프로파일 부속서 E. 개념 스키마 언어에 대하여 부속서 F. 모델링 가이드라인 부속서 G. UML 소개 부속서 H. 이전 버전과의 호환성
검사항목	• A.1.2 UML 2에 적합한 모델 　모델이 UML 2의 규칙에 따라 모델 및 모델 매핑의 문서화가 제대로 　이루어져야 한다(참조 : 6.2, 요구사항 1과 3~17, 부속서 D, 요구사항 26). • A.1.3 UML 2에 적합한 UML 1의 모델 　모델이 UML 2의 규칙을 따르는 모델에 매핑될 수 있어야 한다 　(참조 : 6.2, 부속서 B, UML 1에서 매핑을 위한 요구사항 23~24, A.1.2). • A.1.4 UML 2에 적합한 다른 스키마 모델 　모델이 UML 2의 규칙을 따르는 모델에 매핑될 수 있어야 한다 　(참조 : 6.2, 요구사항 2, A.1.2). • A.2.1 핵심 유형 　응용 스키마에서 핵심 데이터 유형을 올바르게 사용해야 한다 　(참조 : 제7절, 요구사항 22). • A.2.2 핵심 및 확장 유형 　응용 스키마에서 핵심 및 확장 데이터 유형을 올바르게 사용해야 한다 　(참조 : 제7절, 부속서 C, 요구사항 25, A.2.1). • A.3 모델 문서화 　모델에 대한 문서 내용이 올바르게 사용되어야 한다 　(참조 : 6.16, 요구사항 18~21).

KeyPoint

〈KS X ISO/TS 19103 기술적 사양의 주요 기술적 내용〉
KS X ISO/TS 19103의 기술적 사양의 주요 기술적 내용은 1.UML의 일반적 용법, 2.클래스, 3.속성, 4.기본적 데이터 유형, 5.연관 관계, 6.연산, 7.정형화와 표시값, 8.패키지, 9.제약, 10.모델의 문서화로 구성되어 있다.

벡터데이터 DB구축을 위한 KeyPoint로 **'4. 기본적 데이터 유형'을 집중하여 설명**한다. 데이터 유형은 구축하고자 하는 데이터를 구조화하기 위한 제품 사양을 위해 확인해야 하는 항목이다. 다른 항목은 표준문서를 참고하도록 한다.

- **데이터 유형(기본유형)**
    - 원시객체 유형 : 값을 표현하기 위한 기초적인 유형
      보기 Characterstring, Integer, Boolean, Date, Time 등
    - 구현 유형 : 다른 유형의 다양한 상황을 표현하기 위한 템플릿 유형
      보기 et, Bag, Sequence and record
    - 파생된 유형 : 측정 유형과 측정 단위

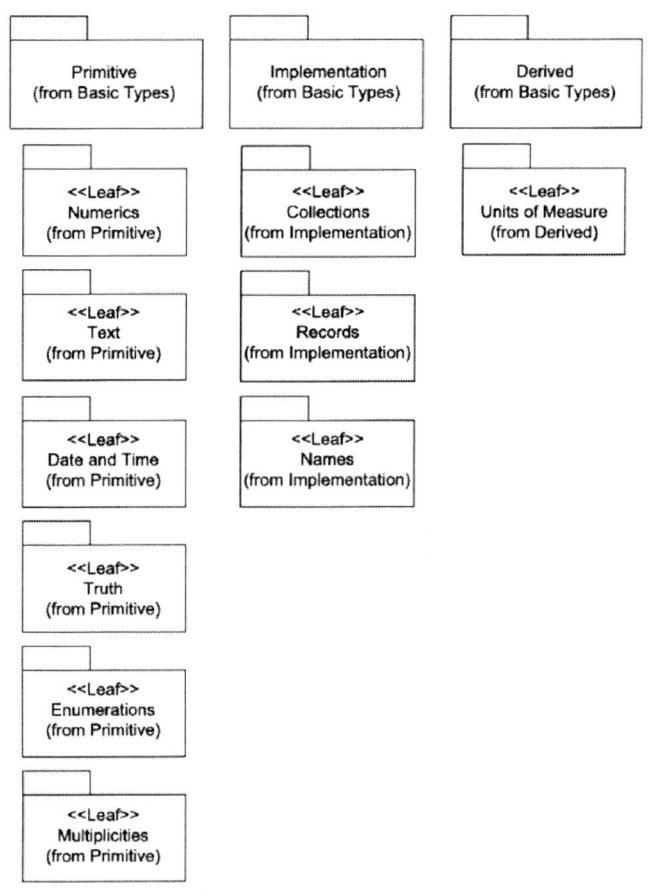

표1〉 원시객체 유형

유형		설명
Numeric	정수(Integer)	부호화된 정수. 정수의 길이는 요약되어 있고 용법 종속적이다. **보기** 29, -65.547

공간정보표준 활용 가이드

표1〉 원시객체 유형(계속)

유형		설명
Numeric	소수(Decimal)	정확한 소수 유형 **보기** 12.75 **비고** 이것은 부동 실수(float)와 다르다. 실수는 대략적인 값이고, 소수는 정확한 값이다.
	실수(Real)	부호화된 실수(부동 소수점)은 가수와 지수로 구성되어 있음. 실수의 길이는 요약되어 있고 용법 종속적이다. **보기** 23.501, -1234E-4, -23.0
	벡터(Vector)	좌표 체계에서 지점을 표현하기 위한 좌표로 구성된 순서화된 수의 집합. 좌표는 어떠한 치수의 이름 공간이라도 상관없다. **보기** (123, 514, 150)
Text	문자열 (CharacterString)	문자열은 액센트와 적용된 문자 집합 중의 하나의 목록에서 나온 특별한 문자의 추상적 길이의 순서이다. 문자열의 지도 구현을 위하여 다음의 네 가지 측면의 사항을 결정하여야 한다. a) 값의 표현, b) 문자 세트의 표현, c) 인코딩의 표현, d) 언어의 표현
Date and Time	날짜(Date)	날짜는 연, 월, 일로 구성된다. 날짜의 문자화는 KS X ISO 8601에 의해 규정된 다음의 날짜 유형을 따라야 한다. **보기** 1998-09-18
	시간(Time)	시간은 시, 분, 초로 주어진다. 문자 인코딩의 시간은 KS X ISO 8601 포맷을 따르는 열이다. UTC에 따른 시간대는 선택 가능하다. **보기** 18:30:59 또는 18:30:59+01:00
	시간 날짜 (DateTime)	시간 날짜는 날짜와 시간의 혼합 유형이다. 시간 날짜의 문자화는 KS X ISO 8601을 따라야 한다.
Truth	가부판정값, 불린 (Boolean)	참, 거짓을 규정하는 값 **보기** true 또는 false
	논리적(Logical)	참, 거짓, 미정을 구분하는 값
	확률(Probability)	0.0에서 1.0 사이의 확률을 표현하는 값
Multiplicities	다중도 (Multiplicities)	다중도 값의 하한과 상한을 결정

표2〉 컬렉션 유형

유형	설명
백(Bag)	백은 중복된 인스턴스를 포함해도 상관없다. 집합과 같이 백의 요소 간에는 특별한 순서는 없다. 백은 프록시의 사용과 참조 지점을 통하여 가장 자주 구현된다. **비고** 백〈Integer〉는 일반적 백〈T〉에서부터 예시화되며, T는 합법적 요소의 데이터 유형이다.
연속, 시퀀스(Sequence)	시퀀스는 요소 인스턴스가 순서화된 백과 같은 구조이다. 시퀀스는 리스트와 동의어이며 순서화된 집합을 의미한다. **보기** 시퀀스〈String〉은 일반적 시퀀스〈T〉에서 설명되었으며, T는 합법적 요소의 데이터 유형이다.

표2〉 컬렉션 유형(계속)

유형	설명
사전	사전은 배열과 비슷하나, 배열은 검색 인덱스가 정수로 표현되어 있다. 이 기술 사양서에서 대표적으로 인덱스 유형(KeyType)으로서 문자열을 반환 유형(ValueType)으로서 숫자를 사용한다.

표3〉 열거된 유형

유형	설명
코드 리스트	《CodeList》는 Dictionary(CharacterString,CharacterString)과 같이 문자열 유형으로서, Dictionary 유형 키와 반환값을 묶어 문자열값을 사용하는 유연한 열거이다. 코드 리스트는 잠재적 값의 긴 목록을 표현하는데 유용하다.

표4〉 표현 유형

유형	설명
기록과 기록 유형	기록은 사전(Dictionary)에 (이름, 값)의 한 쌍의 목록을 유지함으로써 피처의 구현 표현으로써 사용된다.
일반적 이름(GenericName)	일반적 이름과 이것의 하위 클래스는 이름 영역의 문맥에서 유형과 속성 이름의 일반적인 영역과 지역적 이름을 만들기 위해 사용된다.

표5〉 파생된 유형

유형	설명
계측(Measure)	어떤 개체의 넓이, 차원 또는 양을 확인하는 행위 또는 그 과정을 수행한 결과
계측 단위(UnitOfMeasure)	거리, 구역이나 시간의 흐름 등을 계측하기 위한 시스템과 같이, 물리적 양을 측정하는 임의의 시스템
면적(Area)	어떤 2차원적 지형 객체의 물리적인 넓이의 계측
Uom 면적(UomArea)	일반적으로 면적 계측에 이용되는 임의의 계측 시스템. 일반적 단위는 제곱미터와 제곱피트와 같은 제곱길이 단위를 포함한다.
길이(Length)	곡선의 길이나 경계의 길이로서 도형의 둘레와 같은 길이의 계측
거리(Distance)	거리와 길이를 반환하기 위한 유형으로 이용됨.
Uom 길이(UomLength)	두 개의 개체간의 길이, 거리를 계측하기 위한 임의의 계측 시스템. 영국식 체계로 피트와 인치, 미터 단위로 밀리미터, 센티미터, 미터가 있고 단위의 System International(SI) System도 있다.
각(Angle)	하나의 선분 또는 면으로부터 다른 것에 이르기까지의 필요한 회전 범위. 일반적으로 라디안 또는 도로 계측된다.
Uom 각(UomAngle)	각을 계측하기 위해 일반적으로 사용되는 계측 시스템의 어떤 것. 미국에서는 도, 분, 초의 16진 시스템이 주로 이용된다.
스케일(Scale)	하나의 값에서 다른 값으로 변환하는 비율. 일반적으로 단위가 없음.

표5〉 파생된 유형(계속)

유형	설명
Uom 스케일(UomScale)	스케일을 계측하거나 같은 단위에서 값 사이의 비율 계측에 주로 이용되는 임의의 계측 시스템. 스케일 팩터는 일반적으로 단위가 없다.
Mtime(계측된 시간) [Mtime(Measure time)]	천문학적이거나 원자적으로 선택된 시간 스케일 바닥에서의 인스턴스의 지정. 시간의 관점에서 사용됨. 시간의 경과를 측정하거나 계산하는 시스템 또는 방법
Uom 시간(UomTime)	초, 분, 일, 달과 같은 시간 또는 날짜의 경과를 계측하거나 계산하는 임의의 시스템 또는 방법
부피(Volume)	어떠한 3차원적 도형 객체의 물리적 공간의 계측
Uom 부피(UomVolume)	부피를 측정하기 위하여 사용되는 임의의 계측 시스템
속도(velocity)	특정 방향으로의 속력의 관점에서 움직임의 계측. 일반적으로 주어진 시간 간격 사이에서 위치의 변화를 식을 이용하여 계산한다.
Uom 속도(UomVelocity)	속도를 계측하기 위해 사용되는 계측 시스템의 어떤 것.

표6〉 NULL값 및 EMPTY값

유형	설명
NULL	요청된 값이 규정되지 않았음을 의미한다. 이 기술 설명서는 모든 NULL값은 같은 의미를 가지는 것으로 간주한다.
EMPTY	요소를 포함하지 않는 세트가 되는 것으로 해석될 수 있는 객체를 의미한다.

Tip1. 정보 모델링을 위한 가이드라인

- 모델링 단계(권고사항)
  - 0단계 : 범위와 context를 밝힌다.
  - 1단계 : 기본 클래스를 밝힌다.
  - 1b단계 : 완성된 모델링이 KS X ISO 19109의 규칙에 묘사된 접근 방법과 일치하는지를 체크한다.
  - 2단계 : 관계, 속성, 연산을 구체적으로 설명한다.
  - 3단계 : text/OCL을 사용해 제약 조건을 완성한다.
  - 4단계 : 하부 모델과 다른 작업 아이템 간의 모델 규정을 조화시킨다.

Tip2. 서비스 모델링을 위한 가이드라인

- 모델링 단계(권고사항)
  - 0단계 : 범위와 context - 사용자 케이스를 밝힌다.
  - 1단계 : 기본 서비스 책무를 밝힌다.
  - 2단계 : 관계, 속성, 서비스 관계를 구체적으로 명시한다.
  - 3단계 : 연산에 대한 제약 조건의 완성
  - 4단계 : 서비스 규정의 조화

연계표

KS X ISO/TS 19103:2015
지리정보 – 개념적 스키마 언어

개요

1. 적용범위

2. 적합성

3. 인용표준

4. 용어와 정의

5. 소개와 약어

6. KS X ISO 19103 UML 프로파일 – UML의 이용

> *KS X ISO 19107*   *6. 기하 패키지*
> *KS X ISO 19115-1*   *부속서B. 지리 메타데이터…*

7. 핵심 데이터 유형

> *KS X ISO 19108*   *5. 지리정보의 시간적 측면…*

부속서A. 추상 시험 스위트

부속서B. UML1 모델을 UML2모델로 매핑하기 위한 규칙

부속서C. 데이터 유형 – 확장유형

부속서D. 공식적 UML 프로파일

부속서E. 개념적 스키마 언어에 대하여

부속서F. 모델링 가이드라인

부속서G. UML 소개

부속서H. 이전 버전과의 호환성

부속서G. 개념적 스키마 모델링 기능: 요약

부속서H. 이전 버전과의 호환성

공간정보표준 활용 가이드

데이터모델설계	KS X ISO 19109 지리정보 – 응용 스키마 규칙
제 · 개정일	2018. 12. 20. 개정(2006. 05. 25. 제정)
사업분야	DB구축(데이터모델설계)
목적	지형지물 정의 원칙을 포함한 응용 스키마 제작 및 기록에 대한 규칙을 규정
적용범위	지형지물 및 그 특성의 개념 모델링 응용 스키마의 정의 응용 스키마에 대한 개념적 스키마 언어의 사용 개념적 모델의 개념으로부터 응용 스키마의 데이터 유형으로의 전이 다른 ISO 그래픽 정보 표준에서 표준화된 스키마와 응용 스키마의 통합
내용	사용자 요구에 맞는 응용 지원을 위한 데이터의 개념적 스키마의 활용과 규칙을 정의
구성	1-5. 적용범위, 적합성, 인용표준, 용어와 정의, 표시 및 약어 6. 배경 7. 지형지물 정의의 원칙 8. UML의 응용 스키마의 원칙 부속서 A. 추상 시험 스위트 부속서 B. 모델링 접근 및 일반 지형지물 모델 부속서 C. 응용 스키마 보기

검사항목	• A.2.1 개념적 스키마 언어
	   응용 스키마가 인식된 개념적 스키마 언어를 사용해 일관되게 표현되어야 한다
	   (참조 : /req/general/csl).
	• A.2.2 스키마 통합
	   다른 응용 스키마 또는 표준 스키마의 구성 요소가 사용되는 경우 외부의
	   의존성이 명시적으로 기록되어야 한다(참조 : /req/general/integration).
	• A.2.3 지형지물
	   지형지물 유형, 지형지물 속성 유형, 연관 역할 및 지형지물 연산이 메타모델에
	   따라 규정되고 명명되고 문서화되어야 한다
	   (참조 : /req/general/feature, /req/general/attribute,
	   /req/general/operation, /req/general/association-role).
	• A.2.4 값 할당
	   값 할당 메타데이터를 제공하는 유형이 7.4.10에 규정된 요소 및 규칙에 따라
	   정의되어야 한다(참조 : /req/general/value-assignment).
	• A.2.5 지형지물 연관
	   지형지물 연관이 7.4.11에 규정된 요소 및 규칙에 따라 정의되어야 한다
	   (참조 : /req/general/association).
	• A.2.6 지형지물 상속
	   지형지물 상속이 7.4.12에 규정된 요소 및 규칙에 적합하게 정의되어야 한다
	   (참조 : /req/general/inheritance).
	• A.2.7 제약 조건
	   제약 조건이 7.7에 규정된 규칙에 따라 규정되어야 한다
	   (참조 : /req/general/inheritance).
	• A.3.1 UML 프로파일
	   사용된 CSL이 8.2.2 및 표 17에 설명된 제약 조건, 스테레오타입 및 태그
	   값을 따르는 UML이어야 한다(참조 : req/uml/profile).
	• A.3.2 패키징
	   응용 스키마가 올바른 이름과 버전이 기록된 UML 패키지에 포함되어야 한다
	   (참조 : /req/uml/packaging).

| 검사항목 | - A.3.3 문서화
응용 스키마의 각 기본 요소(패키지, 분류자, 속성)의 정의가 기본 내보내기 가능 문서 도구를 사용해 기록되고 보조 문서가 태그값 "description"에 기록되며 해당되는 카탈로그 항목이 태그값 "catalog-entry"에 기록되어야 한다 (참조 : /req/uml/documentation).
- A.3.4 응용 스키마 통합
표준에 규정된 규칙에 따라 응용 스키마가 다른 스키마와 통합되어야 한다 (참조 : /req/uml/integration).
- A.3.5 구조 모델링
응용 스키마의 구조가 인스턴스와 가능한 클래스 또는 추상 클래스로 표시되어야 한다(참조 : /req/uml/structure).
- A.3.6 지형지물 모델링
응용 스키마의 구조가 인스턴스화 가능한 클래스 또는 구체적으로 특수화된 추상 클래스로 표시되는지, 이러한 클래스가 기본 특질을 나타내는 속성 및 연관 역할과 지형지물 간의 관계를 나타내는 연관과 집합 연관을 가지며 클래스는 고유하게 이름이 지정되고 잘 문서화되어야 한다 (참조 : /req/uml/feature, /req/uml/association, /req/uml/aggregation, /req/uml/attribute, req/uml/role).
- A.3.7 값 할당
값 할당 메타데이터가 ValueAssginment 클래스의 인스턴스로 모델링되어야 한다(참조 : /req/uml/valueAssignment).
- A.3.8 속성의 속성
응용 스키마를 검사하여 속성의 속성이 requirements/req/uml/attributeOfAttribute 요구사항을 준수해야 한다 (/req/uml/attributeOfAttribute).
- A.3.9 지형지물 연산
지형지물 연산이 UML 연산으로 모델링되어야 한다(참조 : /req/uml/operation).
- A.3.10 지형지물 상속
지형지물 상속 관계가 UML 일반화로 모델링되어야 한다 (참조 : /req/uml/inheritance).
- A.3.11 제약 조건
제약 조건이 일반 언어 또는 OCL 중 하나를 사용하여 UML 제약 조건으로 인코딩되어야 한다(참조 : /req/uml/constraint).
- A.4.1 확장
표준 스키마의 정의에 대한 확장이 새 UML 패키지에서 표준 스키마의 클래스의 특수화로 구현되어야 한다(참조 : /req/profile/extend).
- A.4.2 제한
표준 클래스에 대한 의존성을 실현해야 하며, 관계 수 또는 유형을 제한하는 제약 조건이 있는 표준 클래스와의 특수 관계가 새로운 UML 패키지에 구현되어야 한다(참조 : /req/profile/restrict).
- A.5 메타데이터 스키마의 사용
메타데이터 스키마를 구현하는데 /req/metadata/featur 요구사항이 준수되어야 한다(참조 : /req/metadata/feature).
- A.6.1 응용 스키마에서 품질 스키마의 사용
품질 개념 스키마가 응용에 적용될 경우, /req/quality/attribute 요구사항이 준수되어야 한다(참조 : /req/quality/attribute).
- A.6.2 응용 스키마에서 추가 품질 메타데이터
품질 개념 스키마가 응용에서 확장될 경우 /req/quality/additional-quality 요구사항이 준수되어야 한다(참조 : /req/quality/additional-quality). |

| 검사항목 | • A.6.3 응용 스키마의 인스턴스 품질 메타데이터
지형지물 인스턴스 품질 정보가 응용에 나타나는 경우
/req/quality/attribute-quality 요구사항이 준수되어야 한다
(참조 : /req/quality/attribute-quality).
• A.7.1 응용 스키마에서 시간 개념 스키마의 사용
응용에 시간 개념이 사용된 경우, ISO 19108:2002의 해당 요소를 사용해
구현되어야 한다(참조 : /req/temporal/schema).
• A.7.2 시간 속성
시간 속성이 requirements/req/temporal/attribute 요구사항에 따라
구현되어야 한다(참조 : /req/temporal/attribute).
• A.7.3 시간 연관
시간 연관이 /req/temporal/association 요구사항에 따라 구현되어야 한다
(참조 : /req/temporal/association).
• A.7.4 지형지물 갱신
지형지물 갱신이 /req/temporal/succession 요구사항에 따라 구현되어야 한다
(참조 : /req/temporal/succession).
• A.8.1 응용 스키마에서 공간 개념 스키마 사용
응용에서 공간 개념이 사용된 경우 ISO 19107:2003의 해당 요소를 사용하며,
기하 요소가 직접적으로 또는 지형지물 유형 정의의 기초로 사용되지 않아야
한다(참조 : /req/spatial/object, /req/spatial/schema,
/req/spatial/aggregate, /req/spatial/complex, /req/spatial/composite).
• A.8.2 공간 속성
공간 속성이 /req/spatial/attribute 요구사항에 따라 구현되어야 한다
(참조 : /req/spatial/attribute).
• A.8.3 공간 복합체
공간 복합체가 /req/spatial/geom-complex 및 /req/spatial/topo-complex
요구사항에 따라 구현되어야 한다(참조 : /req/spatial/geom-complex,
/req/spatial/topo-complex).
• A.8.4 공간 연관
공간 연관이 /req/spatial/association 요구사항에 따라 구현되어야 한다
(참조 : /req/spatial/association).
• A.8.5 공유 기하
공유 기하의 제약 조건이 /req/spatial/shared 요구사항에 따라 구현되어야
한다(참조 : /req/spatial/shared).
• A.8.6 단일 기하
단일 기하 원시 객체(점, 선 또는 면)으로 특징지어진 지형지물이
/req/spatial/single 요구사항에 따라 구현되어야 한다(참조 : /req/spatial/single).
• A.8.7 보간법
공간 보간법이 /req/spatial/interpolation 요구사항에 따라 구현되어야 한다
(참조 : /req/spatial/interpolation).
• A.8.8 독립 공간 복합체
독립 공간 복합체가 /req/spatial/independent-complex 요구사항에 따라
구현되어야 한다(참조 : /req/spatial/independent-complex).
• A.9 커버리지
커버리지 함수가 응용에서 사용되는 경우 /req/coverage/schema 요구사항에
따라 구현되고 사용되어야 한다(참조 : /req/coverage/schema).
• A.10 관측
응용에서 관찰이 사용되는 경우 ISO 19156:2011의 모델에 따라 관측이
구현되어야 하며, 모든 관측 유형의 값이 응용 스키마의 지형지물 카탈로그에서 |
|---|---|

검사항목	가져온 특질 유형으로 제한되어야 한다 (참조 : /req/observation/model, /req/observation/property).

- A.11 지리 식별자를 사용한 공간 참조
  지리 식별자에 대한 참조가 응용 스키마에서 사용되는 경우, 지명 색인
  스키마를 구현하는데 /req/indentifier/general 요구사항이 준수되어야 한다
  (참조 : /req/indentifier/general).
- A.12.1 코드 리스트 관리
  코드 리스트가 응용 스키마에서 사용되는 경우, 지명 색인 스키마를 구현하는데
  /req/codeList/management 요구사항이 준수되어야 한다
  (참조 : /req/codeList/management).
- A.12.1 코드 리스트 정규화
  코드 리스트가 응용 스키마에서 사용되는 경우, ISO 19103 규칙에 따라
  형식화되어야 한다(참조 : /req/codeList/formalization).
- A.13.1 응용 스키마
  응용 스키마가 포함된 패키지에 언어 및 문화 적응에 필요한 정보가 포함되어야
  한다. 구체적으로는 'language' 및 'designation'이라는 태그 값이 포함되어야
  하며, /req/multi-lingual/package 요구사항에 따라 사용되어야 한다
  (참조 : /req/multi-lingual/package).
- A.13.2 지형지물 및 특질 유형
  언어 및 문화 적응을 위해 요구된 대로 응용 스키마의 지형지물 및 특질에
  라벨이 지정되고 설명되어 있어야 한다(참조 : /req/multi-lingual/feature).

KeyPoint

- **응용 스키마의 목적**
  - 응용 스키마는 하나 이상의 응용에 의해 요구되는 데이터에 대한 개념적 스키마이다.
  - 응용 스키마는 다음을 정의하거나 정의할 수 있다.
    a) 데이터의 내용과 구조(필수)
    b) 데이터 연산 및 처리에 대한 연산(선택)
    c) 데이터의 무결성을 확인하기 위한 제한 조건들
  - 응용 스키마의 목적
    a) 컴퓨터가 읽을 수 있는 표현으로 데이터 구조를 정의하여, 데이터 관리를 위한 자동화된 메커니즘을
       적용할 수 있게 함.
    b) 특정 응용 분야의 데이터 내용을 문서화하여 데이터에 대한 공통의 정확한 이해를 달성함. 이를 통해
       데이터로부터 모호하지 않게 정보를 추출할 수 있도록 함.

〈일반 지형지물 모델(GFM: General Feature Model)〉
지형지물을 정의하기 위해 사용된 개념과 이 개념이 어떻게 관련되는지를 식별하여 일반 지형지물 모델
(GFM: General Feature Model)이라고도 불리는 개념적 모델로 표현하여 설명한다.

- **GFM의 주요 구조**
  - 지형지물 속성
  - 지형지물 유형의 특성을 설명하는 지형지물 연관 역할
  - 지형지물 유형의 행동 정의
  - 지형지물 유형과 자신 간의 또는 다른 지형지물 유형 간의 지형지물 연관
  - 다른 지형지물 유형과의 일반화(generalization) 및 특수화(specialization) 관계
  - 지형지물 유형에 대한 제약 조건

공간정보표준 활용 가이드

그림1〉 일반 지형지물 모델

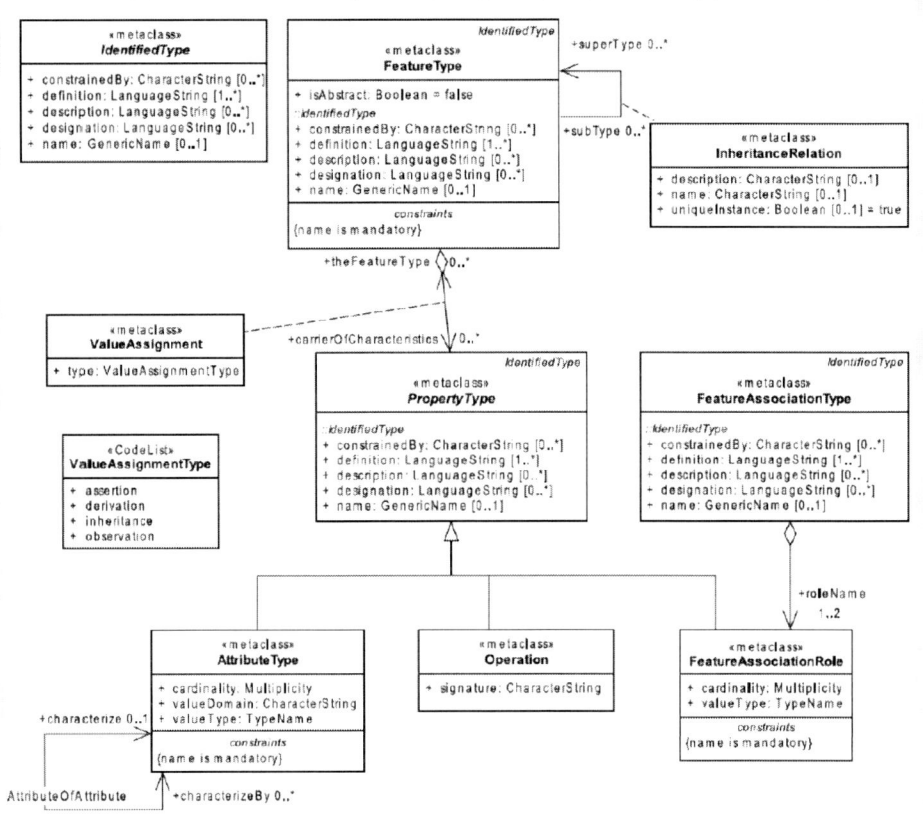

표1〉 일반 지형지물 모델

클래스	설명
IdentifiedType	일반 지형지물 모델(GFM)의 다른 주요 클래스에게 일부 공통 식별 및 설명 속성을 상속해 주는 메타클래스이다.
name	요소의 이름. 일반적으로 선택 사항이지만 아래에 표시된 일부 전문 분야에서 필수이다.
definition	요소의 간결한 정의. 하나의 정의는 필수적으로 제공되어야 한다. 필요한 경우, 추가 정의가 여러 언어로 제공될 수 있다.
designation	요소의 name을 보완하기 위한 자연언어 형태의 지시어. 선택항목이며, 서로 다른 언어를 지원하기 위한 여러 지시어 사용이 가능하다.
description	요소의 범위 및 응용을 이해하는 데 도움을 주고, 정의에 대한 추가적인 정보에 대한 설명. 선택항목이며, 다양한 언어의 지원을 위한 여러 설명의 사용이 가능하다.
constrainedBy	IdentifiedType에 대해 적용되거나 유형 내의 특질에 대해 명시되는 제한 조건에 대한 설명

표1〉 일반 지형지물 모델(계속)

클래스	설명
FeatureType	FeatureType은 개별 지형지물 유형을 표현하는 클래스로 인스턴스화되는 메타클래스이다.
	- 추상 메타클래스 IdentifiedType의 식별 및 설명을 위해 속성 상속받는다. - name은 지형지물 유형에서 필수이며 응용 스키마 내에서 고유하다.
isAbstract	불린 속성(필수). 참인 경우, 지형지물 유형은 추상 상위유형으로 행동한다.
carrierOfCharacteristics	어떤 지형지물 유형의 특성을 나타내는 임의 형태의 지형지물 연산, 지형지물 속성유형, 지형지물 연관 역할을 명시하는 연관 역할(선택).
superType	지형지물 유형의 상위유형(일반화된 유형)을 명시하는 연관 역할 (선택, 반복가능).
PropertyType	PropertyType은 AttributeType, Operation 및 FeatureAssociationRole에 대한 추상 상위 클래스이며, 지형지물 유형과 연관될 수 있는 특성들을 제공한다.
	- 추상 메타클래스 IdentifiedType의 식별 및 설명을 위해 속성 상속받는다. - PropertyType은 추가 속성 또는 연관을 가지지 않는다.
AttributeType	AttributeType은 지형지물 유형의 속성 정의에 대한 메타클래스이다.
	- PropertyType에서 속성 및 연관을 상속받는다. - name은 속성 유형에 필수적이다.
valueType	속성 값의 데이터 유형(필수) **비고** ISO 19103은 지형지물 속성의 valueType에 사용될 수 있는 일부 데이터 유형을 규정하고, 다른 ISO 지리정보 표준은 valueType으로 사용될 수 있는 일부 다른 객체 유형을 규정한다. **보기** 정수(Integer), 문자열(CharacterString) 또는 GM_Object.
valueDomain	값의 집합에 대한 설명(필수) 경우에 따라 값의 도메인은 어휘 또는 어휘집으로 구성된 분류자(classifiers)로 사용되는 개념의 집합일 수도 있다. **보기** 양수, 3에서 7까지, GM_Object 및 ISO 19107에 규정된 그의 모든 하위유형; 열거형 집합
cardinality	지형지물 유형의 하나의 인스턴스와 연관되는 속성 인스턴스의 수(필수)
characterize	이 속성 유형을 기술하는 속성 유형(속성의 속성의 경우)(선택)
characterizeBy	이 속성 유형을 기술하는 속성 유형(속성의 속성의 경우)(선택, 반복가능) **보기** 지형지물의 위치를 전달하는 속성은 이 위치 정확도(QualityAttributeType의 데이터 값)를 갖는 다른 속성을 가질 수 있다.
Operation	Operation은 연산의 측면에서 지형지물 유형의 행동을 설명하기 위한 메타클래스이다.
	- PropertyType에서 속성 및 연관을 상속받는다.
signature	연산의 명칭, 인수 및 반환 값을 나타내는 설명(필수) **비고** signature는 operation_name(input_parameter1, input_parameter1,...):output_value_type 형태(form)로 표현된다. ex) has_height():real

표1〉 일반 지형지물 모델(계속)

클래스	설명
FeatureAssociationRole	FeatureAssociationRole은 역할 클래스의 메타클래스이며, FeatureAssociationType의 일부이다.
	- 추상 메타클래스 PropertyType의 속성 및 연관을 상속받는다. - name은 연관 역할에 필수이다.
vlaueType	역할 값의 데이터 유형(필수).
cardinality	연관의 한쪽 끝에 대해 지형지물 유형의 단일 인스턴스와 관련되어 작용할 수 있는 지형지물 유형의 인스턴스 수(필수).
ValueAssignment	ValueAssignment는 지형지물의 특성, 지형지물의 행동(behaviour) 또는 지형지물의 연관 역할과 같은 지형지물 유형의 임의의 특질 클래스에 대한 메타클래스이다. ValueAssignment는 Operation, AttributeType 및 FeatureAssociationRole의 상위유형이다.
type	값 할당 클래스(필수) 값 할당 클래스 집합은 완전한 것이 아니므로 《CodeList》로 표시된다.
FeatureAssociationType	FeatureAssociationType은 지형지물 간의 연관을 설명하는 메타클래스이다. 지형지물 연관은 속성을 가질 수 있다.
roleName	FeatureAssociationType과 관련된 특정 역할의 이름 (필수, 2개 존재 가능).
InheritanceRelation	InheritanceRelation은 보다 더 일반적인 지형지물 유형(상위유형)과 하나의 특수한 지형지물 유형(하위유형) 사이의 관계에 대한 클래스이다. **보기** 지형지물 유형 "다리"는 도로 지형지물의 일반적인 "운송 지형지물"과 내비게이션 지형지물의 일반적인 클래스인 "위험 요소"에 모두 속할 수 있다. 또한 "다리"의 특정 인스턴스는 "운송 지형지물" 및 "위험 요소"의 인스턴스가 된다.
name	일반화(generalization)/특수화(specialization)의 이름(선택).
description	일반화/특수화의 설명(선택)
uniqueInstance	uniqueInstance는 불 변수로, TRUE는 상위유형의 인스턴스가 하나 이상의 하위유형의 인스턴스가 되어서는 안 된다는 의미이고, FALSE는 상위유형의 인스턴스가 하나 이상의 하위유형의 인스턴스가 될 수 있다는 의미이다. 기본 값이 "true"(선택사항)
superType	하나 이상의 지형지물 유형에 대하여 보다 더 포괄적인 지형지물 유형이 되는 역할(선택사항, 반복 가능).
subType	하나 이상의 지형지물 유형에 대하여 보다 더 특수한 지형지물의 유형이 되는 역할.

품질	KS X ISO 19131 지리정보 - 데이터 제품 사양
제 · 개정일	2018. 11. 08. 개정(2008. 12. 30. 제정)
사업분야	DB구축(카탈로그)
목적	데이터 제품 사양의 필수 요소 정의
적용범위	데이터 제품 사양에 필요한 범위 개별 데이터 제품 사양 생성에 필요한 정보를 제공
내용	ISO 19100 표준 개념을 기반으로 지리 데이터 제품 사양에 대한 요구사항에 대하여 표준화하고 규정함
구성	1-5. 적용범위, 적합성, 인용표준, 용어와 정의, 기호와 약어 6. 데이터 제품 사양의 일반적인 구조와 내용 7. 개요 8. 사양의 범위 9. 데이터 제품 식별 10. 데이터 내용과 구조 11. 참조체계 12. 데이터 품질 13. 데이터 획득 14. 데이터 유지관리 15. 묘화 16. 데이터 제품 배포 17. 부가 정보 18. 메타데이터 부속서 A. 추상 시험 스위트 부속서 B. 데이터 제품 사양과 메타데이터의 관계 부속서 C. UML 패키지 부속서 D. 데이터 제품 사양의 범위 부속서 E. 데이터 제품 사양 내용 부속서 F. 데이터 제품 사양의 보기

검사항목	• A.1 데이터 제품 사양
	  모든 필수 부분이 데이터 제품 사양에 포함되어야 한다(참조 : 6).
	• A.2 필수 항목
	  모든 필수 항목들이 데이터 제품 사양 각각의 부분들에 포함되어야 한다
	  (참조 : 7~18).
	• A.3 항목 세부
	  데이터 제품 사양 각각의 항목들은 정확한 양식으로 되어있어야 한다
	  (참조 : 부속서 D, 부속서 E).

공간정보표준 활용 가이드

연계표

KS X ISO 19131 지리정보 - 데이터 제품 사양	
개요	
1. 적용범위	
KS X ISO 19108	5. 지리정보의 시간적...
KS X ISO 19109	8. 응용 스키마 규칙
KS X ISO 19110	부속서B. 피처 카탈로그 템플릿
KS X ISO 19111	7. 식별된 객체 패키지
KS X ISO 19112	7. 지리 식별자를 이용한...
KS X ISO 19115-1	6. 메타데이터 요구사항
KS X ISO 19123	5. 커버리지의 근본 특징
2. 적합성	
3. 인용표준	
4. 용어 및 정의	
5. 기호와 약어	
6. 데이터 제품 사양의 일반적인 구조와 내용	
KS X ISO 19115-1	6. 메타데이터 요구사항
7. 개요	
8. 사양의 범위	
9. 데이터 제품 식별	
10. 데이터 내용과 구조	
11. 참조체계	
12. 데이터 품질	
13. 데이터 획득	
14. 데이터 유지관리	
15. 묘화	
16. 데이터 제품 배포	
17. 부가 정보	
18. 메타데이터	
부속서A. 추상 시험 스위트	
KS X ISO 19115-1	6. 메타데이터 요구사항
부속서B. 데이터 제품 사양과 메타데이터의 관계	
KS X ISO 19115-1	부속서B. 지리 메타데이터...

부속서C. UML 패키지	
부속서D. 데이터 제품 사양의 범위	
부속서E. 데이터 제품 사양 내용	
KS X ISO 19108	5. 지리정보의 시간적...
KS X ISO 19109	8. 응용 스키마 규칙
KS X ISO 19110	부속서B. 피처 카탈로그 템플릿
KS X ISO 19111	7. 식별된 객체 패키지
KS X ISO 19112	7. 지리 식별자를 이용한... 8. 지명 사전의 필요조건
KS X ISO 19115-1	부속서B. 지리 메타데이터...
KS X ISO 19123	5. 커버리지의 근본 특징
부속서F. 데이터 제품 사양의 보기	
KS X ISO 19107	6. 기하 패키지

KeyPoint

- 제품 사양은 제품에 관한 다음의 측면들을 포함해야 한다.

	측면	상세
a	개요	데이터셋 내용, 데이터(시간/공간) 범위, 수집 목적, 데이터 출처와 생산 과정, 데이터 유지관리
b	사양의 범위	시간적 또는 공간적 범위, 피처유형, 특성 유형, 특성값, 공간적 표현, 제품의 위계구조
c	데이터 제품 식별	제목, 요약, 주제 범주, 지리적 설명, 대체명, 목적, 공간적 표현 유형, 공간 해상도, 보충정보
d	데이터 내용과 구조	피처, 커버리지, 이미저리 기반 데이터
e	참조체계	공간 참조체계, 시간 참조체계
f	데이터 품질	KS X ISO 19157 지리정보 - 데이터 품질 표준 확인
g	데이터 제품 배포	데이터 포맷 명칭, 포맷 버전(날짜, 수 등), 포맷의 하위집합(프로파일 또는 제품 사양의 명칭), 배포 파일의 구조, 데이터셋에 사용된 언어, 부호화 표준에 사용된 문자들의 전체 명칭(약어 아님)
h	메타데이터	KS X ISO 19115 지리정보 - 메타데이터 표준 확인

공간정보표준 활용 가이드

메타데이터	KS X ISO 19115-1 지리정보 - 메타데이터 - 제1부: 기본 원칙
제·개정일	2018. 04. 12. 개정(2004. 11. 05. 제정)
사업분야	DB구축(메타데이터)
목적	지리정보와 서비스를 기술하는데 필요한 추가 정보를 규정
적용범위	수치화되거나 목록화된 지리정보를 식별하는데 도움이 되는 추가 정보
내용	지리정보의 시공간적 범위, 참조 체계, 배포방법 등에 대한 정보를 제공하는 메타데이터를 표준화하여 작성하는 방법을 규정
구성	1-5. 적용범위, 적합성, 인용표준, 용어와 정의, 기호 및 약어 6. 메타데이터 요구사항 부속서 A. 추상 시험 스위트 부속서 B. 지리 메타데이터 데이터 사전 부속서 C. 메타데이터 확장 및 프로파일 부속서 D. 구현 사례 부속서 E. 메타데이터 구현 부속서 F. 지리 자원에 대한 발견 메타데이터 부속서 G. 개정
검사항목	• A.2.1 시험 유형 식별자 : 완성도 시험 규정한 조건 하에서 의무 조건이 "필수"로, 또는 필수적인 것으로 규정되는 모든 메타데이터 패키지, 메타데이터 클래스 및 메타데이터 요소를 포함한 적합성을 확인해야 한다(참조 : 6절, 부속서 B). • A.2.2 시험 유형 식별자 : 최대 발생 횟수 시험 각 메타데이터 요소가 이 표준에서 규정한 횟수 이상으로 발생하지 않아야 한다(참조 : 6절, 부속서 B). • A.2.3 시험 유형 식별자 : 데이터 유형 시험 시험할 메타데이터 내의 각 메타데이터 요소가 규정된 데이터 유형을 사용하는지 확인해야 한다(참조 : 6절, 부속서 B). • A.2.4 시험 유형 식별자 : 도메인 시험 시험할 메타데이터세트 내에서 제공된 각 메타데이터 요소가 규정된 도메인 안으로 분류되어야 한다(참조 : 6절, 부속서 B). • A.2.5 시험 유형 식별자 : 스키마 시험 시험할 메타데이터세트의 각 메타데이터 요소를 시험하고 각 요소가 규정된 메타데이터 클래스 내에 포함되어야 한다(참조 : 6절, 부속서 B). • A.3.1 시험 유형 식별자 : 유일성 시험 각 사용자 정의 메타데이터 패키지, 메타데이터 클래스와 메타데이터 요소를 시험하여 각각이 고유하고 이전에 사용하지 않았어야 한다(참조 : 6절, 부속서 B). • A.3.2 시험 유형 식별자 : 정의 시험 사용자 정의 메타데이터 클래스 및 메타데이터 요소의 모든 속성이 정의되어야 한다(참조 : C.3). • A.3.3 시험 유형 식별자 : 표준 메타데이터 시험 시험할 메타데이터세트 내 사용자 정의 메타데이터가 이 표준의 메타데이터와 동일한 시험 요구사항을 이행해야 한다(참조 : 2.3). • A.4 메타데이터 프로파일 - 시험 유형 식별자 : 메타데이터 프로파일 프로파일이 이 표준에서 규정한 규칙을 준수해야 한다(참조 : 2.2).

Tip. KS X ISO 19115-1은 지리적 규모를 가질 수 있는 정보 또는 자원을 설명하는 모델을 제시함

메타데이터는 지리정보와 서비스를 기술하는데 필요한 스키마를 정의하며, 지리 데이터 및 서비스의 식별, 범위, 품질 시공간적 측면, 내용, 공간적 참조, 묘사 분포 및 기타 속성에 관한 정보를 제공한다.

연계표

KS X ISO 19115-1 지리정보 - 메타데이터 - 제1부 : 기본 원칙	
개요	
1. 적용범위	
2. 적합성	
3. 인용표준	
4. 용어와 정의	
5. 기호와 약어	
6. 메타데이터 요구사항	
KS X ISO 19110	부속서C. 피처 카탈로그 작성 예제
KS X ISO 19157	부속서C. 데이터 품질…
부속서A. 추상 시험 스위트	
부속서B. 지리 메타데이터 데이터 사전	
KS X ISO/TS19103	6. 이 표준의 UML 프로파일
KS X ISO 19107	6. 기하 패키지
KS X ISO 19108	5. 지리정보의 시간적…
KS X ISO 19110	부속서B. 피처 카탈로그 템플릿
	부속서C. 피처 카탈로그 작성 예제
KS X ISO 19111	7. 식별된 객체 패키지
KS X ISO 19112	7. 지리 식별자를 이용한…
	부속서A. 추상 시험셋
KS X ISO 19119	7. 계산 관점: 서비스 연결을…
	8. 계산 관점: 의미론적인…
KS X ISO 19157	부속서C. 데이터 품질…
KS X ISO 19157	*부속서D. 데이터 제품*
부속서C. 메타데이터 확장 및 프로파일	
KS X ISO 19106	11. 프로파일의 식별
	부속서A. ISO 19106에의…
	부속서B. 프로파일 보기
부속서D. 구현 사례	
부속서E. 메타데이터 구현	
KS X ISO 19119	7. 계산 관점: 서비스 연결을…
	8. 계산 관점: 의미론적인…
KS X ISO 19139	*부속서B. 확장을 위한…*
부속서F. 지리 자원에 대한 발견 메타데이터	
부속서G. 개정	

공간정보표준 활용 가이드

공간참조	KS X ISO 19111 지리정보 - 좌표에 의한 공간 참조
제·개정일	2016. 12. 08. 개정(2002. 08. 30. 제정)
사업분야	시스템·서비스(공간참조)
목적	지리정보의 시·공간적 위치를 정의하는 개념적 방법을 정의
적용범위	기본적으로 디지털 지리 데이터에 적용 차트 및 문서 자료와 같은 다양한 형태의 지리 데이터에 확장 적용
내용	좌표에 의한 공간참조를 설명하기 위한 개념적 스키마를 규정 1차, 2차 및 3차원 공간참조 체계를 정의하기 위해 필요한 최소한의 데이터를 설명하고 추가적으로 제공되는 해설적 정보들을 허용
구성	1-5. 적용범위, 적합성 요건, 인용표준, 용어와 정의, 규약 6. 좌표에 의한 공간 참조-개요 7. 식별된 객체 패키지 8. 좌표 참조 체계 패키지 9. 좌표 체계 패키지 10. 데이텀 패키지 11. 좌표 연산 패키지 부속서 A. 추상 시험 스위트 부속서 B. 좌표에 의한 공간 참조 모델링을 위한 환경 부속서 C. 좌표에 의한 공간참조-측지개념 부속서 D. 보기 부속서 E. KS X ISO 19111 인터페이스화를 위한 권고 지침
검사항목	• A.1.2 시험 사례 식별자 : 완전성 시험 필수 또는 조건부로 명시된 모든 관련된 개체 및 요소에 관한 설명이 제공되어야 한다. 투영 좌표 참조 체계의 경우에는 추가적으로 표 42에서 표56에 필수적인 모든 요소를 포함해야 한다(참조 : 6.~10., 투영 좌표 참조 체계의 경우 11. 또한 참조). • A.1.3 시험 사례 식별자 : 최대 발생 수 시험 각 좌표 참조 체계의 요소가 표준에 명시된 횟수 이상 발행하지 않아야 한다. 투영 좌표 참조 체계의 경우는 추가적으로 11.에 명시된 "최대 발생 수"속성을 넘지 않는다(참조 : 6.~10., 투영 좌표 참조 체계의 경우 11. 또한 참조). • A.1.4 시험 사례 식별자 : 데이터 유형 시험 집단에서 각각의 좌표 참조 체계가 명시한 데이터 유형을 사용해야 한다. 투영 좌표 참조 체계의 경우에는 추가적으로 11.에 명시된 데이터 유형인지를 확인해야 한다(참조 : 6.~10., 투영 좌표 참조 체계의 경우 11. 또한 참조). • A.2.2 시험 사례 식별자 : 완전성 시험 필수 또는 조건부 필수가 되도록 명시된 모든 관련 실체 및 요소를 설명해야 한다 (참조 : 11.). • A.2.3 시험 사례 식별자 : 최대 발생 수 시험 각 좌표 연산 요소가 표준에 명시된 횟수 이상 발행하지 않아야 한다(참조 : 11.). • A.2.4 시험 사례 식별자 : 데이터 유형 시험 데이터셋 내의 각각의 좌표 연산 요소가 명시된 데이터 유형을 사용해야 한다 (참조 : 11.).

연계표

KS X ISO 19111
지리정보 – 좌표에 의한 공간참조

개요

1. 적용범위

2. 적합성 요건

3. 인용표준

4. 용어와 정의

5. 규약

KS X ISO/TS19103	6. 이 표준의 UML 프로파일

6. 좌표에 의한 공간 참조 – 개요

KS X ISO 19115-1	6. 메타데이터 요구사항
	부속서B. 지리 메타데이터…
KS X ISO 19107	*부속서B. 용어와 정의의…*

7. 식별된 객체 패키지

KS X ISO 19115-1	부속서B. 지리 메타데이터…

8. 좌표 참조 체계 패키지

KS X ISO 19108	5. 지리정보의 시간적…
KS X ISO 19115-1	부속서B. 지리 메타데이터…
KS X ISO 19107	*7. 위상 패키지*
KS X ISO 19112	*7. 지리 식별자를 이용한…*
	부속서B. 지리 식별자를 이용한 공간 참조 체계 보기

9. 좌표 체계 패키지

10. 데이텀 패키지

11. 좌표 연산 패키지

부속서A. 추상 시험 스위트

부속서B. 좌표에 의한 공간 참조 모델링을 위한 환경

KS X ISO 19113	*5. 커버리지의 근본 특징*
	부속서A. 적합성 검사…

부속서C. 좌표에 의한 공간 참조 – 측지 개념

부속서D. 보기

KS X ISO 19115-1	부속서B. 지리 메타데이터…

부속서E. KS X ISO 19111 인터페이스화를 위한 권고 지침

공간정보표준 활용 가이드

공간참조	KS X ISO 19112 지리정보 - 지리 식별자에 의한 공간 참조
제·개정일	2014. 12. 08. 개정(2002. 08. 30. 제정)
사업분야	시스템·서비스(공간참조)
목적	지리 식별자에 기초한 공간 참조의 개념적 스키마에 대하여 규정
적용범위	디지털 지리 데이터 표준의 원리는 지도, 문서와 같은 다른 형태의 지리 데이터에도 확장 적용 가능
내용	지리 식별자를 이용한 공간 참조 체계를 정의할 수 있는 방법, 일관된 지명 사전 작성법
구성	1-4. 적용범위, 적합성, 인용표준, 용어와 정의 5. 표기 6. 지리 식별자를 이용한 공간 참조의 개념 7. 지리 식별자를 이용한 공간 참조 체계의 필요조건 8. 지명 사전의 필요조건 부속서 A. 추상 시험셋 부속서 B. 지리 식별자를 이용한 공간 참조 체계 보기 부속서 C. 지명 사전 데이터의 보기
검사항목	• A.1.2 구성 　공간 참조 체계가 올바르게 규정되어야 하며, 공통적인 주제를 가진 위치 유형의 집합(set)으로 구성되어야 한다(참조 : 7.1). • A.1.3 위치 유형 　각 위치 유형의 속성이 알려져야 하며, 위치 인스턴스의 지명 사전이 있어야 한다(참조 : 7.2, 8.1). • A.2.2 구성 　지명 사전의 구조를 확인해 그 특성이 알려져야 한다(참조 : 8.1). • A.2.3 속성 데이터 　지명 사전에 기록된 위치의 모든 인스턴스가 기록되어 있어야 하며 각 속성 데이터가 정확하게 기록되어야 한다(참조 : 8.2).

Tip. KS X ISO 19112는 하나의 좌표 참조 체계에서 다른 좌표 참조 체계로 변환시키는 데 필요한 설명을 제공함

좌표에 의한 공간 참조 표준은 디지털 지리 데이터에 적용하기 위한 것이지만, 표준에 포함된 원칙들은 지도, 차트 및 문서 자료와 같은 다른 많은 형태의 지리 데이터로 확장될 수 있다. 또한, 이 표준에 설명된 스키마는 수평 위치를 높이나 깊이에 따라 변하는 세 번째 비공간적 매개변수와 결합시키는 데 적용될 수 있다.

표1〉 지리 식별자를 이용한 공간 참조 체계 보기

공간 참조체계	위치 유형	지리 식별자
ISO 3166-1에서 정의된 나라	나라	나라 이름
지역 인구중심점들의 집합(set)	도시	도시 이름
타운 내의 주소	소유지	소유지 주소
수리적 계층	강근원 〈 강 〈 하구	강근원 이름, 강 이름, 강하구 참조
노드 연결	연결	연결 코드

KeyPoint

- **지리 식별자를 이용한 공간 참조 체계의 필요조건**
  1. 지리 식별자를 이용한 공간 참조 체계의 속성 ▶ 1)이름 / 2)주제 / 3)전체적 소유자 / 4)사용 영역
  2. 위치 유형의 속성 ▶ 1)이름 / 2)주제 / 3)식별자 / 4)정의 / 5)사용 영역 / 6)소유자
- **지명 사전의 필요조건**
  1. 지명 사전의 특성 ▶ 1)이름 / 2)사용 영역 / 3)관리자
     (선택 요소: 범위, 좌표 참조 체계)
  2. 위치 인스턴스의 속성 ▶ 1)지리 식별자 / 2)지리적 범위 / 3)관리자
     (선택 요소: 시간적 범위, 대체 지리 식별자, 지리적 범위, 위치, 부모 위치 인스턴스, 자식 위치 인스턴스)

연계표

KS X ISO 19112 지리정보 – 지리 식별 인자에 의한 공간 참조	
개요	
1. 적용범위	
2. 적합성	
KS X ISO 19105	8. 추상시험 스위트 및…
3. 인용표준	
4. 용어와 정의	
5. 표기	
KS X ISO 19107	7. 위상 패키지
KS X ISO 19111	8. 좌표 참조 체계 패키지
KS X ISO 19115-1	6. 메타데이터 요구사항
6. 지리 식별자를 이용한 공간 참조의 개념	
KS X ISO/TS19103	6. 이 표준의 UML 프로파일
KS X ISO 19115-1	6. 메타데이터 요구사항
7. 지리 식별자를 이용한 공간 참조 체계의 필요조건	
KS X ISO 19107	7. 위상 패키지
8. 지명 사전의 필요조건	
KS X ISO 19107	6. 기하 패키지
KS X ISO 19115-1	부속서B. 지리 메타데이터…
부속서A. 추상 시험셋	
부속서B. 지리 식별자를 이용한 공간 참조 체계 보기	
부속서C. 지명 사전 데이터의 보기	

공간정보표준 활용 가이드

사업수행 단계			
이전 단계	초기 단계	✔중기 단계	완료 및 서비스 단계

사업수행 중기에는 초기에 수집된 자료를 제품 사양서에 맞게 구조화하는 데이터 구축의 중심 단계이다. KS X ISO 19125-1 지리정보-단순피처(특징)접근-제1부:공통구조(아키텍처)를 반드시 참고하여 데이터를 구축한다.

데이터접근	KS X ISO 19125-1 지리정보 – 단순 피처(특징) 접근 – 제1부: 공통 구조(아키텍처)
제·개정일	2018. 02. 12. 개정(2003. 07. 03. 제정)
사업분야	시스템·서비스(데이터접근)
목적	ISO 19125-1의 공통 구조(아키텍처)를 구축하고, 여기에 사용되는 용어에 대하여 규정
적용범위	이 규격은 다음의 내용을 포함하여 형식을 추가하거나 유지하는 어떤 부분의 메커니즘을 표준화하지 않으며 또한 의존하지 않음 a) 형식을 정의하기 위해 제공되는 신텍스(syntax)와 기능 b) 함수를 정의하기 위해 제공되는 신텍스와 기능 c) 데이터베이스에서 유형 인스턴스의 물리적인 저장 d) 사용자 정의 형식을 참조하기 위해 사용되는 특정한 용어
내용	기하 형식을 위한 명칭과 기하 정의를 표준화 신텍스 및 기능, 데이터베이스 저장, 특정 용어를 포함하여 형식을 추가하거나 유지하는 메커니즘을 표준화하거나 의존하지 않음
구성	1-5. 적용범위, 적합성, 인용규격, 용어와 정의, 약어 6. 구조(아키텍처) 부속서 A. 공통 구조 개념과 KS X ISO 19107 기하 모델 개념과의 일치 부속서 B. 공식화된 공간 참조 자료

Tip. KS X ISO 19125-1은 공통 구조(아키텍처)를 구축하고, 사용되는 용어에 대해 규정함

- 기하 클래스 계층 구조

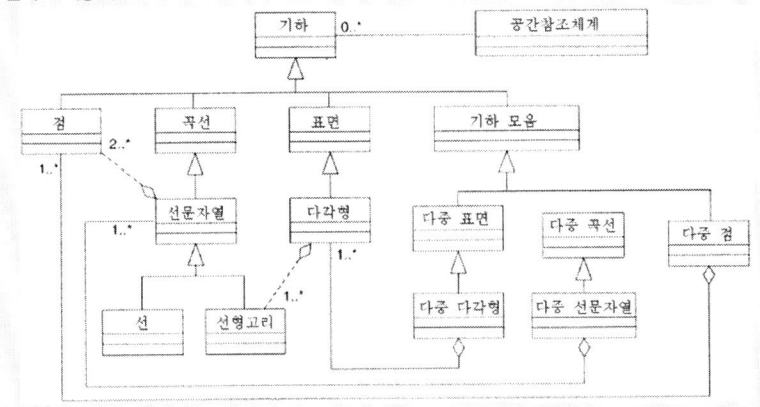

KeyPoint

- **차원으로 확장된 9교차 모델(DE-9IM)**

이 규격은 기하 형식을 위한 명칭과 기하 정의를 표준화한다. 특히 이 표준은 차원적으로 확장될 9교차 모델(DE-9IM)에 대해 상세히 기술하고 있다. DE-9IM이란, 주어진 기하 객체가 a일 때, I(a), B(a), E(a)는 각각 a의 내부, 경계, 외부를 나타내고 있으며, 일반적인 형태로는 아래 표와 같다.

표1〉 DE-9IM

	내부	경계	외부
내부	dim(I(a)∩I(b))	dim(I(a)∩B(b))	dim(I(a)∩E(b))
경계	dim(B(a)∩I(b))	dim(B(a)∩B(b))	dim(B(a)∩E(b))
외부	dim(E(a)∩I(b))	dim(E(a)∩B(b))	dim(E(a)∩E(b))

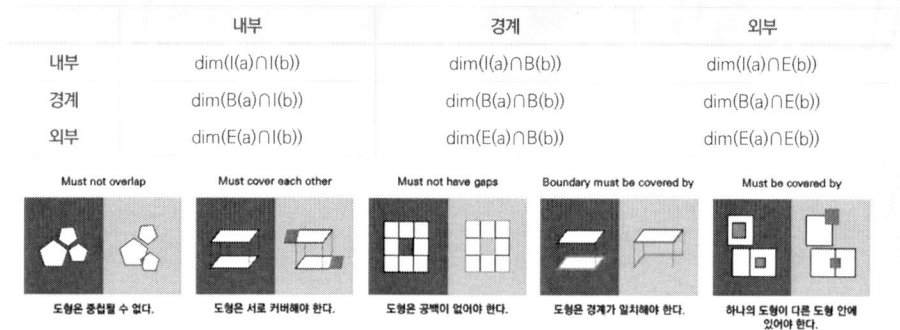

- **기하에서 WKT(Well-Known Text) 표현**

각각의 기하 형식은 WKT(Well-Known Text) 표현 형태를 갖는다. 이것은 유형의 새로운 인스턴스를 조성하거나 존재하는 인스턴스를 문자 숫자로 표현하기 위해 구조적 형태로 변환하는 데 사용된다.

표2〉 기하의 WKT(Well-Known Text)표현 형태의 보기

기하 형식	텍스트 문자상의 표현	설명
Point	'POINT(10 10)'	한 점
LineString	'LINESTRING(10 10, 20 20, 30 40)'	3점을 갖는 선문자열
Polygon	'POLYGON((10 10, 10 20, 20 20, 20 15, 10 10))'	1개의 외부고리와 0개의 내부고리로 된 다각형
Multipoint	'MULTIPOINT(10 10, 20 20)'	2점을 갖는 다중 점
MultiLineString	'MULTILINESTRING((10 10, 20 20), (15 15, 30 15))'	2개의 선문자열을 갖는 다중 선문자열
MultiPolygon	'MULTIPOLYGON(((10 10, 10 20, 20 20, 20 15, 10 10)), ((60 60, 70 70, 80 60, 60 60)))'	2개의 다각형을 갖는 다중 다각형
GeomCollection	'GEOMETRYCOLLECTION (POINT (10 10), POINT (30 30), LINESTRING (15 15, 20 20))'	2점의 값과 하나의 선문자열 값으로 구성된 기하 모음

연계표

KS X ISO 19125-1		
지리정보 - 단순 피처(특징) 접근 - 제1부 : 공통 구조(아키텍처)		
개요		
1. 적용범위		
2. 적합성		
3. 인용표준		
4. 용어와 정의		
5. 약어		
6. 구조(아키텍처)		
부속서A. 공통 구조 개념과 KS X ISO 19107 기하 모델 개념과의 일치		
KS X ISO 19107	6. 기하 패키지	
	7. 위상 패키지	
부속서B. 공식화된 공간 참조 자료		

사업수행 단계			
이전 단계	초기 단계	중기 단계	✔완료 및 서비스 단계

사업수행 완료 시기에는 구축된 데이터가 제품 사양서에 맞게 구조화되었는지 품질을 평가하고 그에 따른 메타데이터를 관리한다. **데이터 품질을 위해 KS X ISO 19157과 이를 쉽게 풀이한 데이터 품질해설서를 참고하여 표준을 적용**하도록 한다.

데이터접근	KS X ISO 19157 지리정보 - 데이터 품질
제·개정일	2018. 04. 12. 제정
사업분야	DB구축(품질)
목적	지리 데이터의 품질을 설명하는 원칙 제시
적용범위	데이터 품질을 설명하기 위한 구성요소 정의 데이터 품질 측정을 위한 등록물의 콘텐츠 구조와 구성요소 지정 지리 데이터의 품질을 평가하는 일반적인 절차 설명 데이터 품질 보고의 원칙 구축
내용	데이터 품질 평가 과정, 메타데이터, 측정, 독립형 품질 보고서에 대한 표준화 및 정의
구성	1-5. 적용범위, 적합성, 인용표준, 용어와 정의, 기호와 약어 6. 데이터 품질 개관 7. 데이터 품질 구성요소 8. 데이터 품질 측정 9. 데이터 품질 평가 10. 데이터 품질 보고 부속서 A. 추상 시험 스위트 부속서 B. 데이터 품질 개념 및 사용 부속서 C. 데이터 품질에 대한 데이터 사전 부속서 D. 표준화된 데이터 품질 측정 목록 부속서 E. 데이터 품질 평가 및 보고 부속서 F. 평가를 위한 표본 추출 방법 부속서 G. 데이터 품질 기본 측정 부속서 H. 데이터 품질 측정의 관리 부속서 I. 품질 요소 사용 지침 부속서 J. 데이터 품질 결과의 종합
검사항목	• A.1 시험 사례 식별자 : 품질 평가 과정 데이터 품질 평가 과정에 9.1.3에 명시된 모든 단계가 포함되어야 한다(참조 : 9.1). • A.2 시험 사례 식별자 : 데이터 품질 메타데이터 데이터 품질 메타데이터가 UML 모델 및 데이터 사전(dictionary)에 따라 모델링되어야 한다(참조 : 7절, 10절 및 부속서 C). • A.3 시험 사례 식별자 : 메타데이터 적합성 데이터 품질 메타데이터가 ISO 19115-1:2014 및 ISO 19115-2:2009를 준수해야 한다(참조 : ISO 19115-1:2014, A.2.1, A.2.2, A.2.3, A.2.4, A.2.5). • A.4 시험 사례 식별자 : 독립형 품질 보고서 독립형 품질 보고서에 품질의 모든 적절한 측면의 섹션이 모두 포함되어야 하며, 그리고 데이터 품질의 모든 구성요소에 대한 설명이 이 표준에 정의된 규칙을 따라야 한다(참조 : 7. 및 10). • A.5 시험 사례 식별자 : 데이터 품질 측정 데이터 품질 측정이 구조적으로, 의미적으로 잘 정의되어 있어야 한다 (참조 : 8. 및 부속서 C).

연계표

	KS X ISO 19157 지리정보 – 데이터 품질
개요	
1. 적용범위	
KS X ISO 19115-1	부속서E. 메타데이터 구현
2. 적합성	
3. 인용표준	
4. 용어와 정의	
5. 약어	
6. 데이터 품질 개관	
KS X ISO 19115-1	부속서B. 지리메타데이터 데이터…
KS X ISO 19109	*8. 응용 스키마 규칙*
KS X ISO 19131	*6. 데이터 제품 사양…*
KS X ISO 19139	*7. KS X ISO 19100…*
7. 데이터 품질 구성요소	
KS X ISO/TS19103	6. 이 표준의 UML 프로파일
KS X ISO 19108	5. 지리정보의 시간…
KS X ISO 19115-1	부속서C. 메타데이터 확장 및 …
KS X ISO 19139	*9. 인코딩 설명*
8. 데이터 품질 측정	
KS X ISO/TS19103	6. 이 표준의 UML 프로파일
KS X ISO 19135	6. 등록물의 관리 7. 등록 원칙
KS X ISO 19139	*부속서B. 확장을 위한 데이터 사전* *부속서D. 구현 보기*
9. 데이터 품질 평가	
KS X ISO 19115-1	*부속서D. 구현 사례* *부속서E. 메타데이터 구현*
10. 데이터 품질 보고	
부속서A. 추상 시험 스위트	
KS X ISO 19115-1	부속서A. 추상 시험 스위트

부속서B. 데이터 품질 개념 및 사용	
KS X ISO 19109	7. 피처 정의 원칙

부속서C. 데이터 품질에 대한 데이터 사전	
KS X ISO/TS19103	6. 이 표준의 UML 프로파일
KS X ISO 19115-1	부속서B. 지리메타데이터 데이터…
KS X ISO 19107	부속서B. 용어와 정의의 개념적 …

부속서D. 표준화된 데이터 품질 측정 목록	
KS X ISO 19107	부속서C. 공간 스키마 개념의 사례

부속서E. 데이터 품질 평가 및 보고	
KS X ISO 19131	6. 데이터 제품 사양…
	7. 개요

부속서F. 평가를 위한 표본 추출 방법

부속서G. 데이터 품질 기본 측정

부속서H. 데이터 품질 측정의 관리	
KS X ISO 19135	7. 등록 원칙
KS X ISO 19139	7. KS X ISO 19100…

부속서I. 품질 요소 사용 지침

부속서J. 데이터 품질 결과의 종합

KeyPoint

- **데이터 품질 보고 이유**
  - 데이터세트 사용을 장려하고 찾을 수 있도록 지원하기 위함
  - 사용자 요구사항 또는 데이터 제품 사양에 대한 적합성을 입증하기 위함
  - 공급자 관리 이니셔티브의 일부로서
  - 데이터세트에서 나온 정보의 품질에 대한 다운스트림 판단을 허용하기 위해
  - 모든 데이터에 불완전 사항이 포함된다고 알려져 있을 때 합리적인(최적의) 의사결정을 허용하기 위해

공간정보표준 활용 가이드

KeyPoint

- **품질표준 해설서는?**

공간정보의 품질확보를 위해 공급자 및 수요자에게 맞춤형 표준 가이드라인은 제공함으로써 공급자는 품질을 정확히 체크하여 표준화된 품질 설명이 가능하도록 하며, 사용자들은 표준화된 품질 비교를 통해 용도에 맞는 공간정보를 선택할 수 있도록 하는 것이 목표이다. 하지만 아직까지 이러한 품질확보는 발주자 및 수행자 모두 공간정보 데이터 품질표준 내용의 이해와 표준 적용의 어려움이 있어 품질표준 해설서를 발간하게 되었다.

그림1〉 KS X ISO 19157 품질 표준 해설서

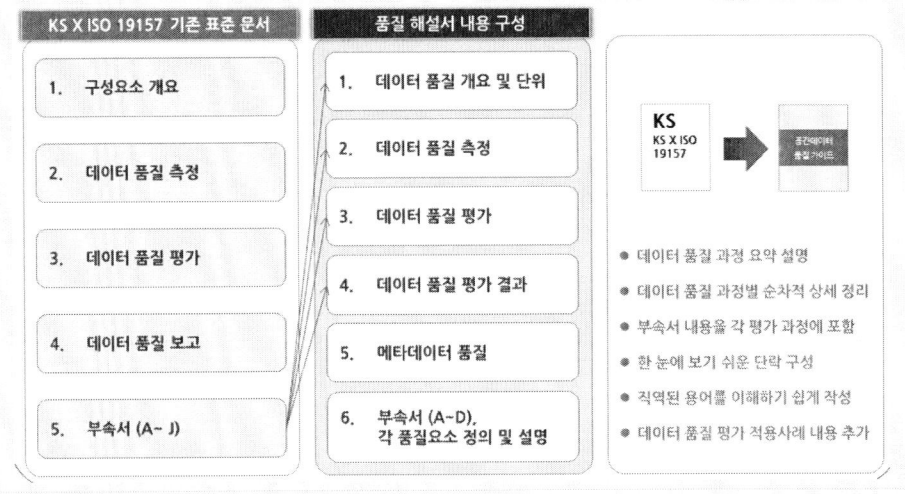

그림2〉 KS X ISO 19157 품질 표준 해설서 구조도

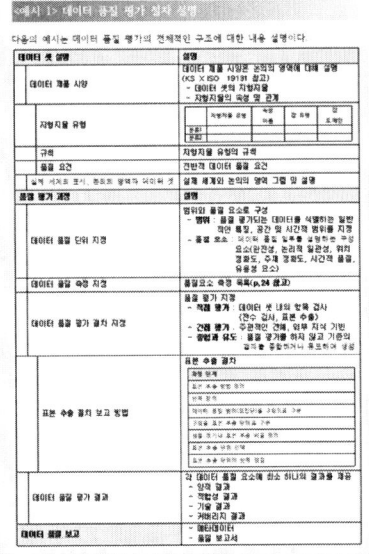

KeyPoint

- 품질표준 해설서 표지

공간정보표준 활용 가이드

품질	KS X ISO/TS 19158 지리정보 – 데이터 제공의 품질보증
제·개정일	2018. 12. 20. 제정
사업분야	DB구축(품질)
목적	내부 공급자 및 외부 공급자가 요구되는 품질의 지리정보를 납품하여 고객의 만족 추구
적용범위	지리정보의 품질보증에 대한 프레임워크를 제공하여 기존 환경의 혁신 및 개선(지리정보 품질 원칙 및 품질평가 절차, 품질관리 시스템)과 보다 효율적인 생산 품질을 관리하는 방법을 기술
내용	프레임워크를 협의하는 고객과 공급자 간의 관계의 원칙과 책임에 대한 내용을 제시 품질평가 절차에 대한 책임은 고객과 공급자 간에 공유 이 표준은 데이터 생산 또는 갱신 활동이 없어 더 이상 관리되지 않고 있는 데이터 세트 또는 '기성품'에는 적용되지 않음
구성	1-5. 적용범위, 적합성, 인용표준, 용어와 정의, 약어 용어 6. 일반 원칙 7. 요구사항 8. 품질평가 절차 부속서 A. 추상 시험 스위트 부속서 B. 공급자 책임의 예 부속서 C. 생산 품질보증 및 적절한 수준의 품질보증 단계 부속서 D. 개인 및 팀 품질평가 절차의 예
검사항목	• A.1.1 프로세스 관리 공급자가 고객을 위해 데이터의 생산 및 갱신에 필요한 프로세스 및 하위 프로세스를 식별할 수 있어야 한다(참조 : 7.1). • A.1.2 품질 요구사항 KS X ISO 19157의 요구사항에 따른 데이터 품질, 납품 물량, 납품 일정, 생산 및 갱신비용 등의 적절한 품질 요구사항을 준수해야 한다(참조 : 7.1, KS X ISO 19157). • A.1.3 품질평가 공급자가 고객을 위해 데이터의 생산 및 고객 갱신에 필요한 프로세스, 하위 프로세스 및 개인의 출력물 품질을 식별할 수 있어야 한다(참조 : 7.1, KS X ISO 19157). • A.2. 품질평가 절차 공급자가 고객을 위해 데이터의 생산 및 고객 갱신에 필요한 프로세스, 하위 프로세스 및 개인을 제어하고 지원하기 위해 품질평가 절차를 실행할 수 있어야 한다 (참조 : 7.2, 8절).

연계표

KS X ISO 19158 지리정보 - 데이터 제공의 품질보증	
개요	
1. 적용범위	
2. 적합성	
3. 인용표준	
4. 용어와 정의	
5. 약어 용어	
6. 일반 원칙	
7. 요구사항	
KS X ISO 19157	9. 데이터 품질 평가
	부속서E. 데이터 품질 평가…
8. 품질평가 절차	
부속서A. 추상 시험 스위트	
KS X ISO 19157	9. 데이터 품질 평가
부속서B. 공급자 책임의 예	
부속서C. 생산 품질보증 및 적절한 수준의 품질보증 단계	
부속서D. 개인 및 팀 품질평가 절차의 예	

KeyPoint

- **품질보증(Quality Assurance)**
  품질 요구사항이 충족될 것이라는 신뢰를 제공하는 데 중점을 둔 품질관리의 일부
- **품질관리(Quality Control)**
  품질 요구사항이 충족에 중점을 둔 품질관리의 부분

▶ 본 가이드에서는 사업수행 완료단계 이후의 데이터 유지관리(갱신 포함) 또는 서비스를 통한 제3자 정보제공 측면에서 시기의 KS X ISO 19158 적용을 설명한다. 하지만 표준에서 정의하고 있는 품질보증의 의미로 볼 때, 사업수행의 초기 사업수행계획서 작성, 데이터 제품 사양서 등 데이터 생산을 위한 준비과정도 품질 요구사항을 충족하기 위한 활동으로 정의할 수 있다. 따라서 **KS X ISO 19158 데이터 제공의 품질보증은 사업수행 전체 단계에서 적용하는 표준**이다.

Tip1. KS X ISO 19158은 데이터 제공의 품질보증 프레임워크를 제공하며, 보다 효율적이고 효과적으로 생산 품질을 관리하는 방법을 명시함

- 생산 관계에 있어서 생산자와 고객을 위한 품질보증 프레임워크를 제공하여 보다 효율적인 생산 품질을 관리하는 방법을 명시하고, 다음의 명시된 환경에서 혁신 및 지속적 개선을 가능하게 한다.
  - 지리정보 품질 원칙 및 품질평가 절차
  - 품질관리 시스템

- 프레임워크의 적용을 통해 다음과 같은 기회를 얻을 수 있다.
  - 다수의 생산자인 환경에서 생산 및 갱신과 관련된 모든 요구사항에 대한 보다 나은 이해를 얻음
  - 데이터 처리 시간 단축
  - 재작업 감소
  - 데이터 품질 개선
  - 공급자 및 조직의 상호 이해관계에서 신뢰도 향상을 통한 비용 절감

Tip2. 생산 품질보증 및 적절한 수준의 품질보증 단계

- 제품을 완성하기 위해 다음 단계를 완수해야 한다.
  - 생산 요구사항을 관리함 (ex. 요구사항을 이해하고 소통함)
  - 생산 자원을 관리함 (ex. 제품을 납품하는 프로세스를 구축함)
  - 생산 작업을 완료하고 제품을 납품함

공간정보표준 활용 가이드 작성

제 3 장 도시계획정보체계 DB구축사업 표준 적용 사례

1. 사업수행 초기 단계
2. 사업수행 중기 단계
3. 사업수행 완료 단계

도시계획정보체계(UPIS) 구축 사업수행 사례

사업수행 이전 단계

사업수행 이전

사업수행 단계			
✔ 이전 단계	초기 단계	중기 단계	완료 및 서비스 단계

사업수행 이전 단계는 사업을 발주하기 이전의 단계로, 과업지시서를 공고하기 이전의 발주자의 역할과 사업을 수행하기 위해 제안서를 작성하는 단계를 수행한다. 이 단계에서는 제안 내용을 확인할 때 공간정보의 전반적인 용어와 내용을 이해해야 하므로 KS X ISO 19101-1 지리정보 – 참조모델, KS X ISO/TS 19104 지리정보 – 제4부:용어 표준을 적용하여 본 과정을 수행한다.

■ 대상

- **사전검토 및 과업지시서 작성** : 사업발주자
- **제안서 작성** : 사업수행자

■ 사업수행

- **사전검토 및 과업지시서 작성** : 사전검토 요청 〉 공간정보표준 확인 〉 과업지시서 작성
- **제안서 작성** : 과업지시서 및 제안요청서 검토 〉 공간정보표준 확인 〉 사업제안서 작성

■ 적용 표준

수행 내용	표준 역할	표준번호	표준명
제안 내용 확인	참조모델	KS X ISO 19101-1	지리정보-참조모델
	용어	KS X ISO/TS 19104	지리정보(GIS)-제4부:용어

※ 데이터 구축 등 사업에서 표준의 지리정보 용어를 적용하여 활용하고자 할 때는 한국국토정보공사에서 관리하는 공간정보표준 용어를 제공받아 사용하는 것을 권장한다. (KS X ISO/TS 19104 (용어))
※ 공간정보 데이터 구축사업에 유형에 따라 본 가이드에서 제시된 적용 표준 외에 추가적인 표준이 발생하여 적용될 수 있다.

■ 참고자료

- 국가공간정보포털 (http://www.nsdi.go.kr) 〉 공간정보표준
- 「공간정보사업 관리규정」 제10조

■ 사전검토 및 과업지시서 작성

(1) 사전검토 요청

| ✔ 사전검토 요청 | 공간정보표준 확인 | 과업지시서 작성 |

사업발주자는 사업을 발주하기 이전에 「공간정보사업 관리규정」 제10조에 '공간정보사업은 표준 사전검토 절차'에 따라 수행해야 한다. 이번 용역은 공간정보데이터베이스를 구축하는 사업이므로 관계기관(한국국토정보공사)에 '공간정보사업 사전검토표'와 '표준적용계획 검토 결과서'를 요청해야 한다. 이 과정을 '사전검토'라 부르며, 약 1개월의 검토 기간을 거쳐 관계기관을 통해 '[별지 2]의 표준적용계획 검토 결과서'를 받을 수 있다.

사전검토는 공간정보사업 발주 전 데이터의 상호연계성 확보를 위해 준수해야 할 표준에 대한 적용계획을 검토하는 과정을 말하며, 「국가공간정보기본법」 제23조 및 「국가공간정보기본법 시행령」 제19조2항에 표준 준수를 명시하고 있다.

> **Tip. 공간정보사업 표준 사전검토 절차 (공간정보사업 관리규정 제10조)**
>
> 관계기관의 장은 공간정보데이터베이스를 구축하고자 할 때, 사업 발주 1달 전까지 국토교통부장관에게 사업의 중복성 등에 대해 사전검토를 요청해야 한다. 별지 제1호 서식에 따라 공간정보사업에 대한 자체검토를 실시한 후 관리시스템에 검토 결과를 첨부하여 국토교통부장관에게 사전검토를 요청해야 한다. 그래서, 관계기관의 장은 사전검토 요청일로부터 1개월 이내에 검토결과를 통보해야 하며, 표준적용계획 검토 결과를 별지 2호 서식에 따른다.

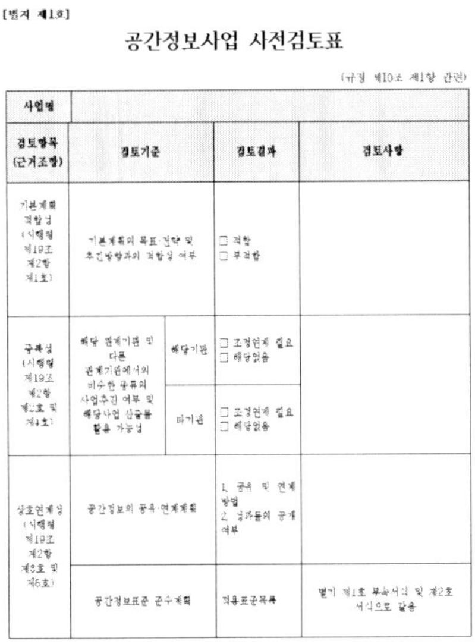

〈그림 7〉 사전검토표 서식

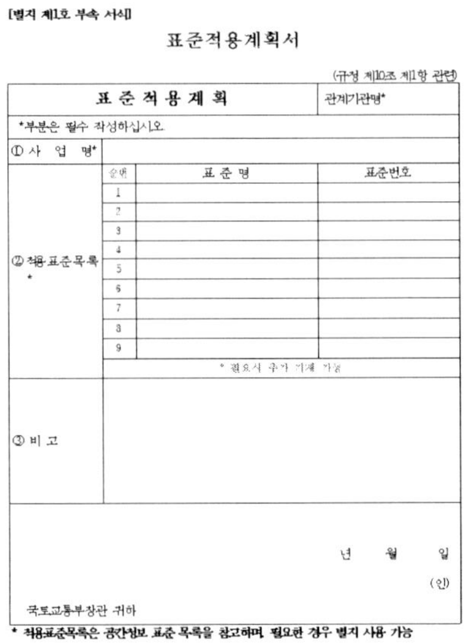

〈그림 8〉 표준적용계획서 서식

약 1개월의 사전검토 기간이 지나서 관계기관으로부터 공간정보데이터베이스 구축 사업에 대해 사전검토표와 표준적용계획 검토 결과서를 받았다(사례1, 사례2 참고). 검토결과는 사업수행 이전에 적용해야할 표준이 무엇인지 해당 관계기관에 요청하면 검토 이후에 받을 수 있다. 검토를 통해 받은 표준적용계획서를 바탕으로 해당 표준을 적용하여 과업지시서를 작성한다. 또한, 가이드에 사례로 작성된 사업은 데이터베이스 구축에서 시스템 탑재까지의 과정을 수행하므로 데이터의 품질 내용도 고려하였다. 데이터 품질의 내용은 'KS X ISO 19157 데이터 품질 해설서'를 참고한다.

사례1. 'OO시 도시계획정보체계(UPIS) DB현행화 용역' 공간정보사업 사전검토표

〈공간정보사업 사전검토표〉

사업명		OO시 도시계획정보체계(UPIS) DB현행화 용역		
검토항목(근거조항)	검토기준		검토결과	검토사항
기본계획 적합성 (시행령 제19조제2항제1호)	기본계획의 목표·전략 및 추진방향과의 적합성 여부		☑ 적합 ☐ 부적합	
중복성 (시행령 제19조제2항제2호 및 제4호)	해당 관계기관 및 다른 관계기관에서의 비슷한 종류의 사업추진 여부 및 해당사업 산출물 활용 가능성	해당기관	☐ 조정연계 필요 ☑ 해당없음	
		타기관	☐ 조정연계 필요 ☑ 해당없음	
상호연계성 (시행령 제19조제2항제3호 및 제5호)	공간정보의 공유·연계계획		1. 공유 및 연계 방법 2. 성과물의 공개 여부	
	공간정보표준 준수계획		적용표준목록	별지 제1호 부속서식 및 제2호 서식으로 갈음

Tip. 공간정보사업 표준 사전검토 지침사항 (공간정보사업 관리규정 제10조 제1항)

- **기본계획 적합성**
  사업의 유형 및 성격이 국가공간정보정책 기본계획의 어떤 세부과제와 부합하는지 상세히 적시
- **중복성**
  본 사업을 통해 구축하려는 공간정보데이터베이스가 해당기관 또는 타기관에 이미 구축되어 있는지, 해당 데이터베이스를 활용할 수 있는지 여부를 검토. 해당하는 사항이 있는 경우 대상 기관명, 대상 데이터베이스명 등을 상세히 적시
- **상호연계성**
  본 사업을 통해 구축된 공간정보데이터베이스가 구축된 이후 해당기관 또는 타 기관에서 공유되거나 연계를 통해 활용될 수 있는지 여부를 검토. 대상 기관명, 대상 시스템명 등을 상세히 적시

사례2. 'OO시 도시계획정보체계(UPIS) DB현행화 용역' 표준적용계획 검토 결과서

<표준적용계획 검토 결과서>

[별지 제2호] 표준적용계획 검토 결과서

표준적용계획검토결과			관계기관명: OO시		
① 사업명	OO시 도시계획정보체계(UPIS) DB현행화 용역				
② 적용표준목록	순번	표준명	표준번호	필요	불필요
	1	참조모델	KS X ISO 19101-1	☑	☐
	2	데이터모델 설계	KS X ISO 19107	☑	☐
	3	절차/원칙	KS X ISO 19110	☑	☐
	4	공간참조	KS X ISO 19111	☑	☐
	5	메타데이터	KS X ISO 19115-1	☑	☐
	6	묘화	KS X ISO 19117	☑	☐
	7	정보유통/포맷	KS X ISO 19118	☑	☐
	8	데이터 접근	KS X ISO 19125-1	☑	☐
	9	데이터 제품 사양	KS X ISO 19131	☑	☐
	10			☐	☐
	* 필요시 추가 기재 가능				
③ 추가적용 표준목록	순번	표준명	표준번호	사유	
	1	데이터 품질	KS X ISO 19157	데이터 품질을 높이기 위하여 품질 해설서를 참고함.	
	2				
④ 비고	◆ **좌표에 의한 지리적 점 위치의 표준 표시** 　:효율적인 점 위치 데이터의 교환을 위해서 필요함 ◆ **좌표에 의한 공간 참조** 　: 지형지물(피처)에 좌표 체계를 연관 ◆ **메타데이터** 　:데이터에 대한 식별, 범위, 품질 등의 정보 제공 ◆ **데이터 품질** 　:데이터의 품질 향상을 위한 요소 및 평가방법 제공				

2019년 O월 O일

국토교통부장관(인)

Tip. 공간정보표준 품질 해설서 (KS X ISO 19157 표준 기반)

공간정보표준 품질 해설서는 KS X ISO 19157 표준을 기반으로 데이터의 품질을 제고를 위한 품질을 측정하는 요소, 방법, 평가 및 검증의 내용이 담겨 있다. 기존 표준문서와 달리 품질 사례가 있어 누구나 보기 쉽게 작성되어 있다. (국토교통부, 2016년)

(2) 공간정보표준 확인

사전검토 요청	✔ 공간정보표준 확인	과업지시서 작성

사전검토를 통해 공간정보표준 관계기관에 요청하여 받은 '사전검토표와 표준적용계획 검토 결과서'에 반영된 표준 목록을 확인하고 표준의 내용을 파악한다. 공간정보표준은 국가공간정보포털을 통해 표준 목록과 내용을 확인할 수 있다. 표준의 내용을 국가공간정보포털을 통해 이해하고, 사업발주자는 사업부문에 알맞은 표준을 적용하여 과업지시서를 작성할 수 있다.

국가공간정보포털은 공간정보표준 소개, KSDI표준체계, 국내외 공간정보표준, 공간정보표준 자료실의 콘텐츠를 통해 표준의 이해를 돕고 있다. 사업수행 이전에는 사업수행을 위해 기본적인 표준 공부가 필요하다.

한국국토정보공사(이하 '공사'라 한다.)는 정부와 표준개발협력기관의 유기적인 협업체계를 통해 국내외 공간정보표준에 대한 통합 운영 및 관리체계를 구축하고, 국가공간정보 표준화 및 공간정보 품질 향상을 위한 사업을 추진하고 있다. 국가의 공간정보 표준화 정책을 지원하고, 사용자가 표준을 쉽게 활용할 수 있도록 표준 개발 및 교육 등 다양한 표준화 활동 수행하며 공간정보표준 지원기관으로서의 역할을 충실하게 수행하고 있다.

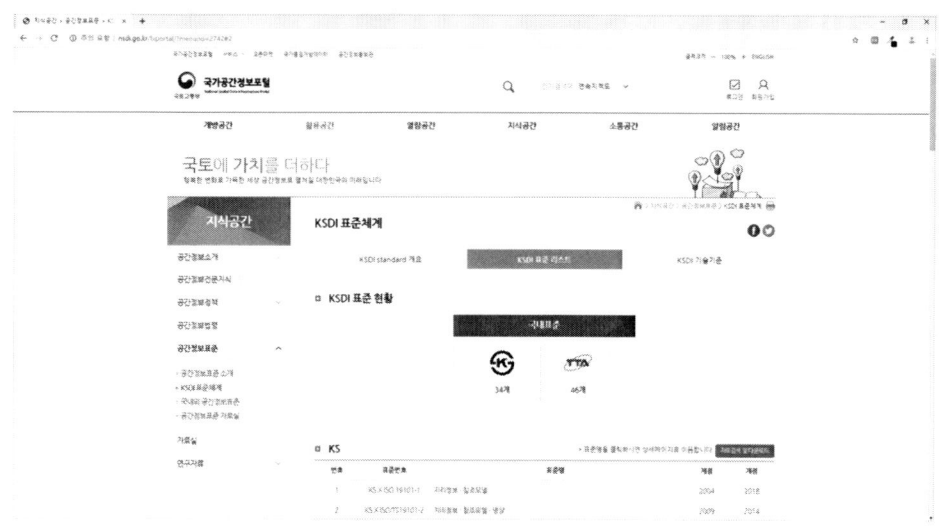

〈그림 9〉 국가공간정보표준 목록 사이트

Tip. 공간정보표준 사전 지식을 위해 온라인 정보 이용 및 오프라인 교육에 참여

1. **공간정보표준 지원기관*** : 한국국토정보공사(www.lx.or.kr)
2. **공간정보표준 관련 사이트**** : 국가공간정보포털(www.nsdi.go.kr)
 * 공간정보표준 교육은 비정기로 진행되기 때문에 모니터링 필요함.
 ** 국가공간정보포털의 표준정보는 사업수행 전 과정에서 참고해야 하는 사이트임.

사례3. 사업수행 이전 단계의 공간정보표준 내용 확인

표준번호	표준명
KS X ISO 19101-1	지리정보 - 참조모델

- **목적**: 지리정보 분야의 표준화에 대한 참조 모델을 정의
- **적용범위**: 상호운용성 개념을 기술하고 기본사항에 대해 규정 (응용 개발 방법이나 기술 구현 방법과는 상관없음)
- **내용**: 통합적이고 일관된 방식으로 표준화하기 위한 참조모델 제공

KS X ISO/TS 19104	지리정보 - 제4부:용어

- **목적**:
  - 지리정보 분야에서 국제적인 의사소통을 위해 사용
  - 지리정보 분야의 용어에 대한 수집 및 유지관리를 위한 가이드라인을 제공
- **적용범위**
  - 모든 지리정보 용어를 조화롭게 표준화하기 위해 ISO/TC 211(지리정보) 표준위원회에서 지시 및 정의한 지리정보 용어를 수집함
  - 이를 기초로 지리정보에 관하여 사용되는 용어 및 이에 대응하는 영어에 대하여 규정함
- **내용**
  - 모든 지리정보 용어들을 조화롭게 표준화시키기 위해 ISO/TC 211(지리정보) 표준위원회의 각 작업반(WG: Working Group)과 프로젝트팀(PT: Project Team)에서 제시된 지리정보 용어들을 수집하고 용어 정의를 수립

Tip. 공간정보 DB구축사업을 대비하여 표준에 대한 공부를 시작한다면!

공간정보 DB구축사업을 대비하여 표준에 대한 공부를 시작한다면 공간정보 표준을 두루 학습하면 좋겠지만, 효율적인 공간정보표준 학습이 필요하다면 KS X ISO 19101-1 지리정보 - 참조모델, KS X ISO/TS 19104 지리정보 - 제4부: 용어와 함께 KS ISO 19131 지리정보 - 데이터 제품 사양, KS X ISO 19157 지리정보 - 데이터 품질, KS X ISO 19115-1 지리정보 - 메타데이터의 이 세 개의 표준을 공부하도록 한다. 이 세 개의 표준은 데이터의 생성과 관리, 공유를 위한 정보관리에 대한 표준을 다루고 있어 꼭 공부해야 하는 공간정보 표준이기 때문이다.

- **KS X ISO 19131 지리정보 - 데이터 제품 사양**
  데이터 제품에 대하여 제3자가 이를 생성, 공급, 사용하는데 필요한 정보를 제공하는 데이터셋 또는 데이터셋 시리즈의 상세설명을 제공함으로써 데이터 제품 사양이 쉽게 이해되며 의도된 목적에 부합하도록 돕는다.

- **KS X ISO 19157 지리정보 - 데이터 품질**
  데이터세트가 제품 사양에 명시된 기준에 얼마나 잘 충족하는지 평가하고, 지리 데이터가 관련 애플리케이션을 위해 충분한 품질인지 여부를 판단하려는 데이터 사용자에게 적용할 수 있다.

- **KS X ISO 19115-1 지리정보 - 메타데이터**
  정보 자원의 표준 설명을 위해 기본적인 원칙과 요구사항을 정의하고, 정보시스템 분석가, 프로그램 기획자 및 정보시스템 개발자들이 사용하도록 하는 것이며 메타데이터의 요소 및 속성, 요소 간의 관계를 정의하고, 일반적인 메타데이터의 전문 용어, 정의 및 확장 절차를 정립한다.

(3) 과업지시서 작성

사전검토 요청	공간정보표준 확인	✔ 과업지시서 작성

국가공간정보포털을 통해 발주할 사업의 성격에 알맞은 표준의 내용을 확인했다면, 사례4와 같이 공간정보사업에서 표준준수사항을 제시하여 과업지시서를 작성할 수 있다. 사업발주자는 과업지시서를 작성할 때, 사업수행자도 공간정보표준에 대해 이해하기 쉽도록 준수사항을 작성해야 한다.

사례4. 공간정보사업에서의 표준준수사항이 담긴 과업지시서 작성하기 (예시)

◀ 과업지시서 내 지침사항

해당 과업에서 다음과 같은 문장의 공간정보표준 관련 준수사항 내용을 포함하여 작성하도록 한다.

1) 과업의 개요
  ○. 기타사항(공간정보표준 준수 등)
   - 본 과업의 수행을 통해 구축 및 갱신되는 도시계획정보 데이터베이스는 'KS X ISO 19000' 표준을 준수하여야 한다.

2) 과업수행 일반지침
  ○. 공간정보표준 준수
   - 도시계획정보 데이터베이스는 공간과 속성 데이터로 이루어져 있기 때문에 다음 사항의 공간정보표준인 'KS X ISO 19000' 을 준수하여야 한다.

3) 과업수행 세부지침
  ○. 공간정보표준 준수
   - 도시계획정보 데이터베이스 구축 시, 공간 데이터는 'KS X ISO 19000', 속성 데이터는 'KS X ISO 19000' 표준을 준수한다. (공통으로 적용되는 표준 포함)

◀ 요구사항 명세서

요구사항 명세서는 과업지시서에 포함된 표준준수사항에 대한 내용이다. 아래와 같이 발주 예정인 사업에 표준준수에 국가 표준의 준수를 명시하고 있는 경우에는 반드시 해당 표준을 따라야 한다.

요구사항번호		DAR-003
요구사항 명		데이터 요구사항
상세 설명	정의	공간정보 목록정보 DB스키마 국가표준(KS X ISO 19115) 적용
	세부내용	통합공간정보시스템에서 보유하고 있는 공간정보 목록정보에 대하여 국가 표준(KS X ISO 19115)에 적합하도록 데이터베이스 변환

위의 사례는 2018년에 수행된 '국가공간정보 표준화 연구 제3권: 공간정보표준 활용 매뉴얼 작성' 부문에서 과업을 발주할 때 표준 적용 방법의 예시로 연구된 바 있다. (해당 연구보고서 p.23 참고)

■ 작업계획 수립

(1) 과업지시서 및 제안요청서 검토

✔ 과업지시서 및 제안요청서 검토	공간정보표준 확인	사업제안서 작성

작업계획 수립 단계는 공간정보데이터베이스 구축사업이 발주되면, 사업수행자는 사업수행을 위해 과업지시서와 제안요청서에 작성된 요구사항과 공간정보표준 준수사항을 중점적으로 검토한다.

사례5. 과업지시서 및 사업수행계획서에서 DB구축에 필요한 법과 지침 확인하기

1. 과업의 개요

◀ 법적 근거

도시계획정보체계(UPIS)를 수행하기 위해 적용되는 법적 근거는 3가지로 구성되어 있었다.

- 토지이용규제기본법 제12조(국토이용정보체계의 구축운영 및 활용)
- 국토의 계획 및 이용에 관한 법 제128조(국토이용정보체계의 활용)
- 도시계획정보체계(UPIS) 구축 및 운영 규정(국토교통부훈령제619호 2015.12.10.)

2. 과업수행 일반지침

◀ 국토교통부 데이터베이스 구축 매뉴얼

DB구축관련 과업을 수행하기 위해 필요한 매뉴얼이 있었다. 이 매뉴얼을 통해 본 과업은 데이터베이스를 구축해야 한다.

- 본 과업의 수행을 통해 구축되는 도시계획정보 데이터베이스는 '국토교통부 데이터베이스 구축 매뉴얼'을 준용하여야 한다.

3. 세부 과업지침

세부 과업지침에는 위에서 제시된 일반지침과 달리, 데이터베이스 구축에 대해서 규격, 지침, 방법 등으로 내용을 나누어 설명되어 있다. 각 내용별 데이터베이스 구축에 필요한 부분을 선택하여 추출한다.

◀ 데이터베이스의 규격

1) 데이터베이스는 반드시 도시계획의 성과품인 캐드 전산파일 및 부동산종합공부시스템(KRAS) DB에 기초하여 구축하여야 하며, 지형지물에 대한 사항은 국토지리정보원에서 제작한 1/5,000 수치지형도를 활용하도록 한다. 자료 일체는 우리시에서 제공하는 공인된 자료를 사용하여야 하며, 1/1,000 수치지형도가 제작된 지역에 대해서는 이를 활용한다.
2) 도시계획 도면 데이터베이스는 TM 좌표 체계(한국토지정보시스템과 동일한 좌표 체계)에 기반을 두고 구축되어야 하며, 속성 데이터와 연계되기 위해 적합한 데이터 구조를 유지해야 한다.
3) 도시계획 결정사항과 관련한 정보는 반드시 도시계획에서 결정·고시된 자료에 근거하여 구축되어야 하며, 만일 자료가 미수급된 사항에 대해서는 임의의 정보로 대체할 수 없고 감독관과 협의하여 공란 처리 등을 하여야 한다.
4) 데이터베이스 구축과정에서 참조되는 규격 및 기준은 국가에서 규정한 범위 내에서 작성되어야 하며, 불가피하게 변경되거나 신규 규정이 필요한 상황이 발생할 경우에는 감독관에게 보고 조치하도록 한다.

사례5. 과업지시서 및 사업수행계획서에서 DB구축에 필요한 법과 지침 확인하기 (계속)

◀ 데이터베이스 구축 지침

- 본 과업의 수행을 통해 구축되는 도시계획정보 데이터베이스는 '국토교통부 데이터베이스 구축 매뉴얼'을 준용하여야 한다.
- 본 과업의 성과품 납품시에는 과업지시서의 공간적, 시간적, 내용적 범위를 준수하여야 한다.
- 본 과업지시서에 명시되지 않은 사항은 상호 협의하여 결정한다.

◀ 데이터베이스 구축 방법

1) 도시계획 자료조사
- 도시관리계획 관련 고시사항을 사전에 검색하여 목록을 작성한다.

2) 도시계획 도형자료 DB구축
- 도시계획 현황도면은 국토의 계획 및 이용에 관한 법에 근거한 결정고시 및 지형도면 승인고시를 표시한 도면으로서 KRAS 연속주제도를 활용하여 표준DB 설계지침에 따라 각각의 레이어별 GIS 벡터데이터로 구축한다.
- 국토이용계획도, 도시계획 열람도, 도시계획 도시고면, 부동산종합공부시스템(KRAS) 용도지역지구 등을 1/1,000 및 1/5,000 수치지형도를 기반으로 개별 조서와 연계가 가능하도록 GIS 데이터로 구축한다.
- KRAS 연속주제도 활용시 결정조서와의 1:1 연계가 가능하도록 조서내역에 따라 KRAS 도형을 분할, 편집하여 UPIS 도형자료로 최종 구축한다.

3-1) 도시계획 결정(변경)고시 도면자료 구축
- 국토이용계획 및 도시계획 조서와 첨부된 고시도면 및 참고도면 등을 수치 및 이미지 자료로 구축하여 속성정보와 연계한다.
- 이미지 형태로 구축한 이력도형과 달리 연혁도형은 스캔된 이미지를 기반으로 하여 좌표에 의한 벡터화를 통해 데이터베이스를 구축한다.
- 도형구축의 기본은 재정비 결정 고시도면을 이용하여 최근에 재정비도형을 기준으로 하여 과거도형의 구축을 통하여 하나의 개별시설의 이력을 시계열로 보여주는데 적합한 구조로 구축한다.
- 도형은 결정선을 기준으로 구축하도록 하며 각각의 조서와의 대조를 통해 검수를 수행하며 이 결과를 구조화 편집 및 최종검수를 한다.
- 또한, 구축하는 도형은 재정비 연도별 연계확인이 가능하도록 구축하며, 이를 통해 필지단위 연혁관계에 대한 공간연산 및 필지별 도시계획 결정이력사항이 파악가능하도록 구축한다.

3-2) 도시계획 속성자료 DB구축
- 도시계획 속성자료 구축은 도시기본계획, 광역도시계획, 도시관리계획, 지구단위계획, 도시개발사업 등 개발사업, 개발행위허가 등의 도시계획 관련 도면자료와 함께 생성되는 고시, 조서, 대장자료는 속성정보로 데이터베이스를 구축하고 도형자료와 연계하여 관리한다.
- 도시계획 관련 고시·조서 및 관련 자료를 수집하여 속성정보로 전산입력하고, 이를 관련 도시고면 자료와 연계하여 속성자료를 구축한다.

3-3) 자료의 연계 구축
- 조서-대장간의 연계구축
- 고시-도면간의 연계구축
- 도시계획시설 집행관리 자료구축

사례5. 과업지시서 및 사업수행계획서에서 DB구축에 필요한 법과 지침 확인하기 (계속)

◀ 데이터베이스 구축 방법

4) DB 검수 및 보완
- 항목별 데이터 구축이 완료될 때마다 검수를 수행하며, 오류발생 시 오류 유형을 분석하여 발주처에 분석결과 보고서를 제출하고 데이터를 수정·보완한다.
- 육안검수, 검수프로그램 활용한 검수 및 사용자 검수 등 충분한 검수과정을 통해 DB품질을 확보하고 실제업무 활용 시 자료오류나 누락이 발생하지 않도록 하여야 한다.

5) 데이터 탑재 및 시험운영
- 구축된 데이터는 DB서버에 탑재한 후, 기 탑재되어 운영 중인 데이터와의 호환성 여부를 충분히 검토하여야 하며, 도시계획정보체계(UPIS)표준시스템이 원활히 운영될 수 있도록 충분한 시험운영을 거쳐야 한다.

◀ 요구사항 명세서

- 데이터 요구사항(Data Requirement) : 목표시스템의 서비스에 필요한 자료 수급 및 데이터 구축을 위한 대상, 방법, 보안이 필요한 데이터 등 데이터를 구축하기 위해 필요한 요구사항을 기술한다.
  - 도시계획 도형자료 표준DB구축
  - 도시계획 속성자료 표준DB구축
  - 도시계획 이력연계 표준DB구축

- 품질 요구사항(Quality Requirement) : 목표 사업의 원활한 수행 및 운영을 위해 관리가 필요한 품질항목, 품질 평가 대상 및 목표에 대한 요구사항 기술한다.
  - 품질보증 관리

- 제약사항 요구사항(Constraint Requirement) : 목표시스템 설계, 구축, 운영과 관련하여 사전에 파악된 기술·표준·업무·법제도 등 제약조건 등을 파악하여 기술한다.
  - 국토교통부 표준 지침 준수

이외로, 과업지시서와 사업수행계획서에 "본 과업은 다음의 공간정보표준을 준용 또는 준수하도록 한다."와 같은 내용이 있다면, 해당 표준을 참고하면 된다.

Tip. 도시계획정보체계(UPIS) 데이터베이스 구축 지침

도시계획정보체계(UPIS) 데이터베이스 구축 매뉴얼은 데이터 구축 항목에서부터 검수까지의 내용을 담고 있으며, 국토교통부에서 제공하고 있다.

이 매뉴얼의 목적은 도시계획정보체계(UPIS) 데이터베이스 구축에 필요한 제반내역 및 표준결과물 규격을 제시함으로서 전국 지자체별 도시계획정보체계(UPIS) 자료의 호환성 확보 및 표준시스템 활용에 필요한 자료구축이 일관성 있게 이루어질 수 있도록 하는 것이다.

(2) 공간정보표준 확인

과업지시서 및 제안요청서 검토	✔ 공간정보표준 확인	사업제안서 작성

◀ 사업 단계별 공간정보표준 확인

사업수행자는 과업지시서와 제안요청서를 통해 사업의 요구사항과 표준준수사항을 검토한 후, 사업수행 단계에 맞는 표준을 아래 표와 같이 확인한다. 〈표 1〉은 벡터데이터 DB구축사업 단계별 적용 표준은 DB구축 관련 표준 중 벡터데이터 구축에 대한 표준을 사업수행 단계별로 적용시기를 파악할 수 있게 구분한 것으로 표준의 상세내용은 공간정보표준은 국가공간정보포털을 통해 확인할 수 있다. 국가공간정보포털은 공간정보 관련 데이터와 표준 등의 정보를 제공하고 있다.

〈표 1〉 벡터데이터 DB구축사업 단계별 적용 표준

DB구축 단계		표준 역할	표준번호	표준명
적용 시기	수행			
사업수행 이전	표준학습 제안서 작성	참조모델	KS X ISO 19101-1	지리정보-참조모델
		용어	KS X ISO/TS 19104	지리정보(GIS)-제4부:용어
사업 수행	작업계획 수립	참조모델	KS X ISO 19101-1	지리정보-참조모델
		절차/원칙	KS X ISO 19110	지리정보-지형지물 목록작성 방법론
		절차/원칙	KS X ISO 19135	지리정보-지리정보항목등록절차
	DB구축지침 수립 (초기)	데이터모델설계	KS X ISO/TS 19103	지리정보-개념적 스키마 언어
		데이터모델설계	KS X ISO 19109	지리정보-응용 스키마 규칙
		품질	KS X ISO 19131	지리정보-데이터 제품 사양
		메타데이터	KS X ISO 19115-1	지리정보-메타데이터
	자료의 취득	공간참조	KS X ISO 19111	지리정보-좌표에 의한 공간참조
		공간참조	KS X ISO 19112	지리정보-지리식별 인자에 의한 공간참조
		데이터접근	KS X ISO 19125-1	지리정보-단순피처(특징)접근-제1부:공통구조(아키텍처)
	지형공간정보의 표현 (또는 연계) (중기)	데이터접근	KS X ISO 19125-1	지리정보-단순피처(특징)접근-제1부:공통구조(아키텍처)
		품질	KS X ISO 19131	지리정보-데이터 제품 사양
		품질	KS X ISO 19157	지리정보-데이터 품질
	품질검사 (시스템 탑재) (완료)	품질	KS X ISO 19157	지리정보-데이터 품질
		메타데이터	KS X ISO 19115-1	지리정보-메타데이터
	데이터 유지관리 (또는 서비스)	품질	KS X ISO/TS 19158	지리정보-데이터 제공의 품질보증

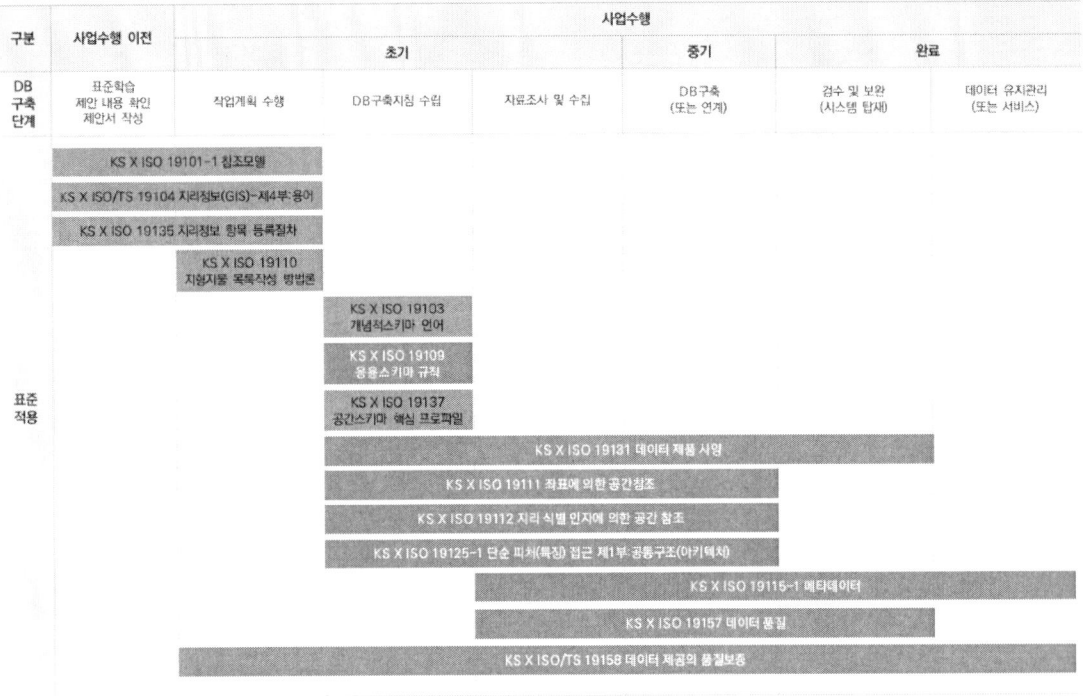

〈그림 10〉 벡터데이터 DB구축 단계별 적용 표준

(3) 사업제안서 작성

과업지시서 및 제안요청서 검토	공간정보표준 확인	✔ 사업제안서 작성

사업제안서 작성 단계는 과업지시서와 제안요청서에 명시된 요구사항과 공간정보표준 준수사항 등의 내용을 확인하고, 사업수행을 위한 제안서를 작성한다. 과업지시서와 제안요청서에 공간정보표준 준수 요구사항이 구체적으로 명시되어 있지 않거나 모호하게 요구되어 있다면 KS X ISO 19131 지리정보-데이터 제품 사양, KS X ISO 19115-1 지리정보-메타데이터, KS X ISO 19157 지리정보-데이터 품질 표준 적용 제안을 추천한다. 이 세 표준은 데이터의 생성과 관리, 공유를 위한 정보관리에 대한 표준을 다루고 있기에 DB구축에 대한 명확한 표준 적용 제안이 될 것이다.

> **Tip. 공간정보 표준 적용에 대한 제안서 작성은 이렇게 하면 어떨까요?**
>
> 과업지시서와 제안요청서에 명시된 공간정보표준 적용에 대한 제안서 작성은 해당 표준의 목적과 역할, 적용 범위의 명확한 이해와 표준 적용 후 사업에서 기대할 수 있는 효과를 강조하는 것을 추천한다. 구체적인 적용 방안까지 제안한다면 가장 바람직하지만, 여의치 않다면 사업수행을 위해 표준을 명확히 이해하고 있다는 것을 표현할 필요가 있다.
>
> 1) 표준의 목적과 역할을 설명한다.
> 2) 표준의 적용범위를 설명한다.
> 3) 구체적 적용방안을 제시한다.
> 4) 표준 적용 후 기대효과를 강조한다.

사례6. DB구축 표준적용의 제안

1) 제안요청서(예시)

요구사항번호		DQ-001
요구사항 명		데이터 품질 요구사항
상세 설명	정의	공간정보 데이터 품질을 위한 국가표준(KS X ISO 19157) 적용
	세부내용	본 사업에서 구축하는 공간정보 데이터 품질은 국가표준(KS X ISO 19157)을 준수하여 관리

2) 제안서 작성(예시)

> **전략 1 : 국가표준 KS X ISO 19157을 준수하여 데이터 품질을 관리하겠습니다.**
> - KS X ISO 19157은 데이터의 품질을 설명하는 원칙을 제시합니다.
> - KS X ISO 19131을 준수한 DB구축 제품 사양서를 품질 기준으로 하여 KS X ISO 19157을 준수한 품질측정, 품질평가를 수행하여 품질 보고서를 작성하겠습니다.
> - 데이터의 완전성, 논리 일관성, 위치 정확성, 주제 정확성, 시간 품질, 유용성을 품질 요소로 하여 품질관리를 하겠습니다.
> - 표준을 준수한 품질 보고서는 제3자의 데이터 제공 요청 시 품질 메타데이터로 활용하겠습니다.

※ 사례의 내용은 참고용으로 활용하시기 바랍니다.

(3) 사업제안서 작성

| 과업지시서 및 제안요청서 검토 | 공간정보표준 확인 | ✔ 사업제안서 작성 |

사업제안서 작성 단계는 과업지시서와 제안요청서에 명시된 요구사항과 공간정보표준 준수사항 등 내용을 확인하고, 사업수행을 위한 제안서를 작성한다. 사업제안서는 과업지시서와 제안요청서의 요구사항의 내용을 포함하여 작성한다.

◀ **작업계획 과정**

'OO시 도시계획정보체계(UPIS) DB현행화 용역'의 작업계획 수립 과정은 다음과 같다.

- 과업지시서 검토 및 과업수행계획서 작성
- 도시계획정보체계(UPIS) 프로젝트 계획 수립
- 데이터베이스 DB설계 및 구축지침서 작성

〈그림 11〉 UPIS 데이터베이스 구축 프로세스

◀ **작업계획 범위**

1) 공간적 범위: OO시 행정구역 전역
2) 시간적 범위: OOOO년 OO월 ~ 2019년 OO월 고시분
3) 내용적 범위: UPIS DB 현행화 구축, UPIS표준시스템 유지관리

◀ **과업지시서 검토**

과업지시서에 명시된 공간정보표준을 확인하여 사업에 적용하기 위한 계획을 수립한다. 아래의 내용과 같은 내용이 있다면, 해당하는 공간정보표준을 사업에 반드시 적용하도록 한다.

1) 과업의 개요
   ○. 기타사항(공간정보표준 준수 등)
   - 본 과업의 수행을 통해 구축 및 갱신되는 도시계획정보 데이터베이스는 'KS X ISO 19000' 표준을 준수하여야 한다.

2) 과업수행 일반지침
   ○. 공간정보표준 준수
   - 도시계획정보 데이터베이스는 공간과 속성 데이터로 이루어져 있으므로 다음 사항의 공간정보표준인 'KS X ISO 19000' 을 준수하여야 한다.

3) 과업수행 세부지침
   ○. 공간정보표준 준수
   - 도시계획정보 데이터베이스 구축 시, 공간 데이터는 'KS X ISO 19000', 속성 데이터는 'KS X ISO 19000' 표준을 준수한다. (공통으로 적용되는 표준 포함)

도시계획정보체계(UPIS) 구축 사업수행 사례

1 사업수행 초기 단계

사업수행 초기

사업수행 단계			
이전 단계	✔초기 단계	중기 단계	완료 및 서비스 단계

사업수행 초기 단계는 사업을 준비하는 단계로, 작업계획 수립, 데이터 구축지침, 자료조사 및 수집을 수행한다. 이 단계에서 벡터데이터 DB구축을 위한 표준 중 90% 이상의 표준을 다루게 된다. 데이터 제품 사양서를 작성할 때 거의 모든 표준이 인용되기 때문이다. 최종 산출물인 데이터의 품질과 직결되는 KS X ISO 19131 지리정보 - 데이터 제품 사양이 가장 중요한 표준이다. 시스템 탑재를 고려한다면, KS X ISO 19125-1 지리정보 - 단순피처(특징)접근 - 제1부:공통구조(아키텍처)를 반드시 참고하여 데이터 제품 사양에 반영하도록 한다.

■ 사업수행

1) **사업수행계획서 작성** : ① 공간정보표준 확인 〉 ② 사업수행계획서 작성
2) **데이터 구축지침** : ③ 도시계획정보체계(UPIS) 데이터베이스 구축지침 확인 〉 ④ 데이터 구축항목에 따른 표준 적용 데이터 선정 〉 ⑤ 데이터 제품 사양서 작성
3) **자료조사 및 수집** : ⑥ 자료조사 및 수집

■ 적용 표준

수행 내용	표준 역할	표준번호	표준명
작업계획 수립	참조모델	KS X ISO 19101-1	지리정보-참조모델
	절차/원칙	KS X ISO 19110	지리정보-지형지물 목록작성 방법론
	절차/원칙	KS X ISO 19135	지리정보-지리정보항목등록절차
DB구축지침 수립	데이터모델설계	KS X ISO/TS 19103	지리정보-개념적 스키마 언어
	데이터모델설계	KS X ISO 19109	지리정보-응용 스키마 규칙
	품질	KS X ISO 19131	지리정보-데이터 제품 사양
	메타데이터	KS X ISO 19115-1	지리정보-메타데이터
자료의 취득	공간참조	KS X ISO 19111	지리정보-좌표에 의한 공간참조
	공간참조	KS X ISO 19112	지리정보-지리식별 인자에 의한 공간참조
	데이터접근	KS X ISO 19125-1	지리정보-단순피처(특징)접근-제1부:공통구조(아키텍처)

※ 이외로, KS X ISO 19131(데이터 제품 사양), KS X ISO 19125-1(단순피처접근) 표준을 참고한다.

■ 참고자료

- 국가공간정보포털 (http://www.nsdi.go.kr) 〉 공간정보표준
- 도시계획정보체계(UPIS) 데이터베이스 구축지침 매뉴얼 (국토교통부, 2013)

공간정보표준 활용 가이드

1. 사업수행 초기 단계
1) 사업수행계획서 작성
(1) 공간정보표준 확인

✔ 공간정보표준 확인	사업수행계획서 작성

사례3. 사업수행 초기 단계의 공간정보표준 내용 확인

- 작업계획 수립 단계
  1) 작업계획 수립
  2) 구축지침
  3) 자료조사 및 수집

1) 작업계획 수립

표준번호	표준명
KS X ISO 19101-1	지리정보-참조모델

- **목적**: 지리정보 분야의 표준화에 대한 참조 모델을 정의
- **적용범위**: 상호운용성 개념을 기술하고 기본사항에 대해 규정
  (응용 개발 방법이나 기술 구현 방법과는 상관없음)
- **내용**: 통합적이고 일관된 방식으로 표준화하기 위한 참조모델 제공

| KS X ISO 19110 | 지리정보-지형지물 목록작성 방법론 |

- **목적**: 지리정보 사용자에게 지형지물의 유형을 목록화하는 방법론을 제시
- **적용범위**
  - 디지털 형태로 표현되는 지형지물의 유형을 목록화할 때 적용하며, 디지털 형태 이외의 다른 형태의 데이터들을 목록화할 경우에 확장하여 적용
  - 표준에서 정의된 유형 수준의 지형지물 정의에 적용할 수 있으며, 유형보다 자세한 수준의 개별 사상 표현에는 적용할 수 없음
- **내용**: 지형지물 유형의 목록작성에 대한 방법론을 규정

| KS X ISO 19135 | 지리정보-지리정보항목등록절차 |

- **목적**: 등록물의 수립·관리·발간을 위한 절차 규정
- **적용범위**: 등록된 항목에 대한 식별, 의미부여, 등록 관리를 위한 필수적인 정보요소 기술
- **내용**
  - 지리정보 항목에 부여된 유일한, 명확한, 그리고 영구적인 식별번호 및 의미의 등록을 수집, 관리, 발간하는데 따라야할 절차 명시
  - 등록된 항목에 대한 식별, 의미부여, 등록 관리를 위한 필수적인 정보요소 기술

2) 구축지침

표준번호	표준명
KS X ISO/TS 19103	지리정보-개념적 스키마 언어

- **목적**: 지리정보를 모델화하는 스키마 언어의 효율성을 위한 가이드라인을 제시
- **적용범위**
  - 지리정보의 표현을 위한 개념적 스키마 언어
  - 상호운용성 확보를 위한 UML의 사용 방법
- **내용**: 지리정보 모델 또는 스키마를 개발하는 개념적 스키마 언어의 활용에 대해 규정

| KS X ISO 19109 | 지리정보-응용 스키마 규칙 |

- **목적**: 지형지물 정의 원칙을 포함한 응용 스키마 제작 및 기록에 대한 규칙을 규정
- **적용범위**
  - 지형지물 및 그 특성의 개념 모델링
  - 응용 스키마의 정의
  - 응용 스키마에 대한 개념적 스키마 언어의 사용
  - 개념적 모델의 개념으로부터 응용 스키마의 데이터 유형으로의 전이
  - 다른 ISO 그래픽 정보 표준에서 표준화된 스키마와 응용 스키마의 통합
- **내용**: 사용자 요구에 맞는 응용 지원을 위한 데이터의 개념적 스키마의 활용과 규칙을 정의

사례3. 공간정보표준 내용 확인 (계속)

표준번호	표준명
KS X ISO 19131	지리정보-데이터 제품 사양

- **목적**: 데이터 제품 사양의 필수 요소 정의
- **적용범위**
  - 데이터 제품 사양에 필요한 범위
  - 개별 데이터 제품 사양 생성에 필요한 정보를 제공
- **내용**: ISO 19100 표준 개념을 기반으로 지리 데이터 제품 사양에 대한 요구사항에 대하여 표준화하고 규정함

표준번호	표준명
KS X ISO 19115-1	지리정보-메타데이터

- **목적**: 지리정보와 서비스를 기술하는데 필요한 추가 정보를 구성
- **적용범위**
  - 수치화되거나 목록화된 지리정보를 식별하는데 도움이 되는 추가 정보
- **내용**: 지리정보의 시공간적 범위, 참조 체계, 배포방법 등에 대한 정보를 제공하는 메타데이터를 표준화하여 작성하는 방법을 규정

> - 데이터 구축 이후에도 데이터를 관리하기 위해 데이터 제품 사양과 메타데이터는 사업수행 초기 단계에서부터 적용하여 작성되어야 한다.

3) 자료조사 및 수집

표준번호	표준명
KS X ISO 19111	지리정보-좌표에 의한 공간참조

- **목적**: 지리정보의 시·공간적 위치를 정의하는 개념적 방법을 정의
- **적용범위**
  - 기본적으로 디지털 지리 데이터에 적용
  - 차트 및 문서 자료와 같은 다양한 형태의 지리 데이터에 확장 적용
- **내용**
  - 좌표에 의한 공간참조를 설명하기 위한 개념적 스키마를 규정
  - 1차, 2차 및 3차원 공간참조 체계를 정의하기 위해 필요한 최소한의 데이터를 설명하고 추가적으로 제공되는 해설적 정보들을 허용

표준번호	표준명
KS X ISO 19112	지리정보-지리식별 인자에 의한 공간참조

- **목적**: 지리 식별자에 기초한 공간 참조의 개념적 스키마에 대하여 규정
- **적용범위**
  - 디지털 지리 데이터
  - 표준의 원리는 지도, 문서와 같은 다른 형태의 지리 데이터에도 확장 적용 가능
- **내용**: 지리 식별자를 이용한 공간 참조 체계를 정의할 수 있는 방법, 일관된 지명 사전 작성법

표준번호	표준명
KS X ISO 19125-1	지리정보-단순피처(특징)접근-제1부:공통구조(아키텍처)

- **목적**: ISO 19125-1의 공통 구조(아키텍처)를 구축하고, 여기에 사용되는 용어에 대하여 규정
- **적용범위**
  - 이 규격은 다음의 내용을 포함하여 형식을 추가하거나 유지하는 어떤 부분의 메커니즘을 표준화하지 않으며 또한 의존하지 않음
  a) 형식을 정의하기 위해 제공되는 신텍스(syntax)와 기능
  b) 함수를 정의하기 위해 제공되는 신텍스와 기능
  c) 데이터베이스에서 유형 인스턴스의 물리적인 저장
  d) 사용자 정의 형식을 참조하기 위해 사용되는 특정한 용어
- **내용**
  - 기하 형식을 위한 명칭과 기하 정의를 표준화
  - 신텍스 및 기능, 데이터베이스 저장, 특정 용어를 포함하여 형식을 추가하거나 유지하는 메커니즘을 표준화하거나 의존하지 않음

(2) 사업수행계획서 작성

공간정보표준 확인	✔ 사업수행계획서 작성

과업지시서를 사업의 전반적인 내용을 확인하고, 필요한 공간정보표준을 적용하여 데이터의 구축 지침 및 사양서를 작성하였다. 이를 바탕으로 사업수행계획서를 작성하고자 한다.

◀ 사업수행 과정

'OO시 도시계획정보체계(UPIS) DB현행화 용역'의 사업수행 과정은 다음과 같다.

- 과업지시서 검토 및 사업수행계획서 작성
- 도시계획정보체계(UPIS) 프로젝트 계획 수립
- 데이터베이스 DB설계 및 구축지침서 작성
- 자료검수 및 시스템 도입

작업계획 수립 ⇒ 자료조사 ⇒ DB구축 ⇒ 자료검수 ⇒ 시스템 도입

◀ 사업수행 범위

1) 공간적 범위: OO시 행정구역 전역
2) 시간적 범위: OOOO년 OO월 ~ 2019년 OO월 고시분
3) 내용적 범위: UPIS DB 현행화 구축, UPIS표준시스템 유지관리

◀ 표준준수사항 검토

과업지시서에서 공간정보표준 준수사항을 다음 내용과 같이 명시하였다.

1) 과업의 개요
○. 기타사항(공간정보표준 준수 등)
- 본 과업의 수행을 통해 구축 및 갱신되는 도시계획정보 데이터베이스는 'KS X ISO 19000' 표준을 준수하여야 한다.

2) 과업수행 일반지침
○. 공간정보표준 준수
- 도시계획정보 데이터베이스는 공간과 속성 데이터로 이루어져 있으므로 다음 사항의 공간정보표준인 'KS X ISO 19000' 을 준수하여야 한다.

3) 과업수행 세부지침
○. 공간정보표준 준수
- 도시계획정보 데이터베이스 구축 시, 공간 데이터는 'KS X ISO 19000', 속성 데이터는 'KS X ISO 19000' 표준을 준수한다. (공통으로 적용되는 표준 포함)

2) 데이터 구축지침

(1) 데이터베이스 구축지침 확인

✔ 데이터베이스 구축지침 확인	데이터 구축항목에 따른 표준 적용 데이터 항목 선정	데이터 제품 사양서 작성

본 사업은 도시계획정보체계(UPIS) 데이터베이스 구축이므로, 과업지시서에 명시된 내용뿐만 아니라 'UPIS 데이터베이스 구축 매뉴얼'도 준용해야 한다(국토교통부, 2013). 매뉴얼을 통해 UPIS 데이터의 구축 항목을 확인하고, 데이터 제품 사양을 작성하여 해당 데이터 사양에 맞게 구축한다. 데이터 제품 사양은 KS X ISO 19131 표준이며, 데이터 제품에 대하여 제3자가 이를 생성, 공급, 사용하는 데 필요한 정보를 제공하는 데이터 상세설명을 포함하고 있다.

사례6. 데이터베이스 구축지침 확인하기

- 본 과업의 수행을 통해 구축되는 도시계획정보 데이터베이스는 '국토교통부 데이터베이스 구축 매뉴얼'을 준용하여야 한다.
- 본 과업의 성과품 납품시에는 과업지시서의 공간적, 시간적, 내용적 범위를 준수하여야 한다.
- 본 과업지시서에 명시되지 않은 사항은 상호 협의하여 결정한다.

1) 데이터베이스는 반드시 도시계획의 성과품인 캐드 전산파일 및 부동산종합공부시스템(KRAS) DB에 기초하여 구축하여야 하며, 지형지물에 대한 사항은 국토지리정보원에서 제작한 1/5,000 수치지형도를 활용하도록 한다. 자료 일체는 우리시에서 제공하는 공인된 자료를 사용하여야 하며, 1/1,000 수치지형도가 제작된 지역에 대해서는 이를 활용한다.
2) 도시계획 도면 데이터베이스는 TM 좌표 체계(한국토지정보시스템과 동일한 좌표 체계)에 기반을 두고 구축되어야 하며, 속성 데이터와 연계되기 위해 적합한 데이터 구조를 유지해야 한다.
3) 도시계획 결정사항과 관련한 정보는 반드시 도시계획에서 결정고시된 자료에 근거하여 구축되어야 하며, 만일 자료가 미수급된 사항에 대해서는 임의의 정보로 대체할 수 없고 감독관과 협의하여 공란 처리 등을 하여야 한다.
4) 데이터베이스 구축과정에서 참조되는 규격 및 기준은 국가에서 규정한 범위 내에서 작성되어야 하며, 불가피하게 변경되거나 신규 규정이 필요한 상황이 발생할 경우에는 감독관에게 보고 조치하도록 한다.

Tip. 데이터 제품 사양 (KS X ISO 19131)

데이터 제품 사양 표준은 데이터 제품에 관한 요건들을 규정한다. 데이터 제품 사양은 데이터를 생산하고 획득하기 위한 기반을 형성한다. 또한 잠재적인 사용자들은 데이터 제품 사양을 통해 데이터 제품이 사용에 적합한가를 평가할 수 있다.

데이터 제품 사양에 포함된 정보는 특정의 물리적인 데이터셋에 관한 정보를 제공하는 메타데이터 정보와는 구별된다. 데이터 제품 사양 정보는 이를 바탕으로 만들어진 특정 데이터셋의 메타데이터를 생성하는 데 사용될 수 있다. 따라서 메타데이터는 하나의 데이터셋이 실제 어떠한지를 설명하는 반면에, 데이터 제품 사양은 데이터 제품의 요건을 설명한다.

(2) 데이터 구축항목에 따른 표준 적용 데이터 선정

데이터베이스 구축지침 확인	✔ 데이터 구축항목에 따른 표준 적용 데이터 선정	데이터 제품 사양서 작성

 UPIS 데이터베이스 구축은 데이터의 속성에 따라 도형자료, 속성자료, 도형 및 속성 연계자료로 나누어지며, 데이터 구축 항목과 형태는 아래의 표와 같다. 본 가이드에는 도시계획현황도 구축에 대한 내용으로 표준을 적용한 제품 사양서 작성을 설명하고자 한다.

〈표 2〉 공정별 데이터베이스 구축대상 및 형태

추진공정	구분	구축대상	구축형태
도형자료	도시계획현황도		KRAS DB 활용 벡터데이터로 구축
	고시도면	결정고시	원고시도면 기반 이미지 데이터로 구축
		지형고시	
	이력도형		
	도시계획연혁도		원고시도면 기반 벡터데이터로 구축
	개발행위허가필지도면		
	기타	수치지형도	지자체 보유자료 활용
		연속지적도	KRAS DB활용한 UPIS 데이터 로딩
		국토법이외의 개별법에 의한 연속지적도	
	지구단위계획규제도형		원고시도면 기반 벡터데이터로 구축
속성자료	고시문		텍스트 기반의 DB자료 구축
	조서		
	입안자료		전산파일기반의 자료첨부
	개발행위허가		텍스 기반의 DB자료 구축
	지구단위계획		
연계자료	속성 연계자료	고시-조서간 연계	고시 및 조서 레코드별 연계키 코드값으로 구축
		고시간 연계	
		조서간 연계	
		조서간 이력연계	
		지구단위계획 규제사항-조서간 연계	
		고시도면 이미지자료-조서간 연계	조서레코드별 연계키 코드값으로 구축
	도형과 속성 연계자료	도시계획현황도-조서간 연계	도형 레코드별 조서 연계키 코드값으로 구축
		도시계획연혁도-조서간 연계	
		도시계획이력도-조서간 연계	

(3) 데이터 제품 사양서 작성

데이터베이스 구축지침 확인	데이터 구축항목에 따른 표준 적용 데이터 항목 선정	✔ 데이터 제품 사양서 작성

 UPIS DB구축 사업은 자료 구축의 일관성을 유지하기 위해 국토교통부에서 제공하는 '도시계획정보체계(UPIS) 데이터베이스 구축 매뉴얼'이 데이터 제품 사양서이다. 이미 많은 UPIS DB구축 사업이 이 매뉴얼을 통해 수행되었다. KS X ISO 19131의 표준을 준수하여 작성된 제품 사양서가 아니기 때문에 가이드에서는 제품 사양서 신규작성을 전제로 사례를 통해 표준의 요건에 맞게 UPIS DB구축 제품 사양서를 작성해보고자 한다.

데이터 제품 사양서는 KS X ISO 19131 표준을 따르며, 제품 사양은 다음 항목에 작성된다.

> Tip. 벡터데이터 구축사업에서 요구하는 공간정보표준 준수를 위한 표준별 상세 항목 제안

"*"는 필수항목을 의미함

데이터 제품 사양 구성 (KS X ISO 19131 참고)		
*	1. 개요	
*	제품 사양서 제목	제품 사양서의 제목 및 머리글자 약어
*	제품 사양서 관리부서	제품 사양서를 관리하는 부서명
	제품 사양서 언어	제품 사양서가 작성된 언어
*	제품 사양서 배부 포맷	제품 사양서를 배부한 포맷명
*	용어 및 약어 정의	제품 사양서에 정의된 용어 및 약어 설명
	제품의 참고적 설명	- 데이터셋 내용 - 데이터의 (시간적, 공간적) 범위 - 수집된 데이터의 구체적 목적 - 데이터 출처와 생산 과정 - 데이터 유지관리
*	2. 제품 사양 범위	
*	범위식별	범위에 의해 상세 되는 데이터의 계층 수준
	레벨	범위에 의해 상세 되는 데이터의 계층 수준의 이름
	레벨 명칭	범위에 의해 상세 되는 데이터의 수준에 관한 자세한 설명
	범위	범위에 의해 기술되는 데이터의 공간적, 수직적, 시간적 범위에 관한 정보
	레벨설명	범위에 의해 기술되는 데이터 레벨에 관한 자세한 설명
	커버리지	정보를 활용할 수 있는 커버리지
	역할: 범위정보	이 범위의 부분인 범위들
	역할: 상위범위	이 범위의 부모 범위
*	3. 데이터 제품 사양 식별정보	
*	제목	데이터 제품의 제목
	부제목	데이터 제품의 또 다른 이름
*	요약	데이터 제품 내용에 관한 간단한 요약
	목적	데이터 제품을 구축한 의도에 관한 요약

- 용어 및 약어의 정의는 '용어 및 약어 정의서'와 같은 별도의 문서작성이 가능하며, 제품 사양서에 해당 문서정보를 기록할 수 있다.

공간정보표준 활용 가이드

- 공간표현유형은?
  vector, grid, texttable, tin, stereoModel, video를 말한다.

- 지형지물 기반정보는 KS X ISO 19109 응용 스키마 규칙, KS X ISO 19110 지형지물 목록작성 방법론의 표준을 참고하여 작성한다.

- 참조체계는 KS X ISO 19111 좌표에 의한 공간참조, KS X ISO 19112 지리식별 인자에 의한 공간참조의 표준을 참고하여 작성한다.

- 데이터 품질은 KS X ISO 19157 데이터 품질의 표준을 참고하여 제품 사양서에 품질 기준을 수립한다.

Tip. 벡터데이터 구축사업에서 요구하는 공간정보표준 준수를 위한 표준별 상세 항목 제안

*	**3. 데이터 제품 사양 식별정보**	
*	주제 분류	데이터셋에 관한 주된 주제
	공간표현유형	공간적인 표현 양식
	공간 해상도	데이터셋의 공간적인 데이터 밀도에 관한 일반적인 이해를 돕는 요소
*	지리 범위	데이터를 이용할 수 있는 지리적 범위에 관한 설명
	보충정보	데이터셋에 관한 기타 설명정보
*	역할 : 식별범위	식별정보의 범위
	4. 데이터 내용 및 구성	
*	서술적 설명	커버리지의 유일 식별자
*	역할 : 식별범위	식별정보의 범위
	4-1. 지형지물 기반 정보	
	역할 : 응용 스키마	- 데이터 제품의 구조와 내용에 관한 설명 (KS X ISO 19109 / 8.3 준용) - UML과 같은 개념 스키마 언어를 사용하여 기술된 개념적인 모델 (지형지물 유형, 속성 유형, 특성 유형, 지형지물 연산, 지형지물 연산, 지형지물 연관, 상속관계, 제약사항)
*	역할 : 지형지물 목록	지형지물 속성 및 속성값 영역, 지형지물 유형 간의 연관 유형, 응용 스키마 내 지형지물 연산을 통해 모든 지형지물 유형에 대한 의미를 제공하는 저장소
	4-2. 커버리지 정보	
*	커버리지 설명	커버리지의 설명 기술
*	커버리지 유형	커버리지 유형
*	사양	부가적인 커버리지 정보
	5. 참조체계	
*	공간 참조체계	공간 참조 체계 식별자 (KS X ISO 19111, 19112) 좌표, 원점, 타원체, 투영방법, 투영원점의 수치
	시간 참조체계	시간 참조 체계 식별자 (KS X ISO 19108 참조)
*	역할 : 참조체계 범위	참조 체계 정보에 관한 범위
	6. 데이터 품질	
*	품질 요소 및 하위수준	품질 요소와 구성요소를 통해 데이터 품질 범위를 지정하고 설명함 - 완전성 - 논리 일관성 - 위치 정확성 - 주제 정확성 - 시간 품질 - 유용성 요소
*	역할 : 품질 범위	품질정보에 관한 범위
	7. 데이터 수집	
*	데이터 수집 내용	데이터 제품의 원시 자료수집과 처리 과정 등에 관한 일반적인 설명
*	역할 : 수집범위	데이터 수집정보에 관한 범위

Tip. 벡터데이터 구축사업에서 요구하는 공간정보표준 준수를 위한 표준별 상세 항목 제안

	8. 데이터 유지관리		
*	유지관리 및 갱신주기	데이터의 갱신주기를 기록 (KS X ISO19115 B.5.18 참고)	
	사용자 정의 갱신주기	갱신주기가 정의되지 않을 경우, 사용자가 정의한 갱신주기 기술	
	역할 : 유지관리 범위	데이터 수집정보에 관한 범위	
	9. 데이터 표현		
	– 데이터가 도면이나 이미지와 같은 그래픽 산출물로써 표현되는 정보 – 데이터 표현을 위해 참조된 방법이나 규정·지침 등을 기술		
*	묘화 목록 참고자료	묘화 목록에 관한 도서목록 참조	
*	역할 : 묘화 범위	묘화 정보에 관한 범위	
	10. 데이터 배포 정보		
*	배포포맷 정보	* 배포매체	제품을 배포하는 매체
		* 배포포맷	제품을 배포하는 포맷
		* 배포범위	배포 정보에 관한 범위
		* 포맷명칭	데이터 포맷의 이름
		버전	포맷 버전(날짜, 수 등)
		사양	포맷의 하위 셋, 프로파일, 제품 사양 이름
		파일구조	배포 파일의 구조
		* 언어	데이터셋에 사용된 언어
		문자 셋	데이터셋에 사용된 문자 코딩 표준의 이름
*	배포매체 정보	* 배포단위	배포단위에 관한 설명 (예 : 타일, 레이어, 지리적 지역 등)
		전송크기	Mbyte로 나타난 특정 포맷 단위에 관한 추정된 크기
		매체명칭	데이터 매체의 이름
		기타배포정보	배포에 관한 다른 정보
	11. 부가정보		
	부가정보	데이터 제품의 다른 측면들은 사양 이외에서는 제공되지 않음	
*	역할 : 부가정보 범위	부가 정보에 관한 범위	
	12. 메타데이터		
*	– 메타데이터 패키지 13항목 : 메타데이터 정보, 식별정보, 제한정보, 연혁정보, 내용 정보, 배포정보, 참조시스템 정보, 공간표현 정보, 묘화목록 정보, 메타데이터 애플리케이션 정보, 애플리케이션 스키마 정보, 메타데이터 확장정보 – 서비스 메타데이터 정보 4항목 : 인용정보, 책임자정보, 언어-문자 집합 현지화 정보, 범위정보		

- 데이터 표현은 구축된 데이터를 도면 또는 시스템에서 시각화하는 등의 묘화방법에 대한 정보를 말한다.
  - 도면으로 표현 시 도식규정, 도면작성 지침 등의 기술기준 수립
  - 시스템에서의 묘화를 위한 KS표준(KS X ISO 19117)과 묘화된 데이터 공유를 위한 서비스의 OGC표준(06-042)

- 메타데이터세트를 제공할 때에는 최소 메타데이터 및 식별정보 패키지를 사용해야 한다.

공간정보표준 활용 가이드

사례9. 데이터 제품 사양 (KS X ISO 19131) 표준 적용하기 (예시)

※ 벡터데이터 DB구축의 필수 표기항목 중심의 제품 사양서 사례임.

OO시 UPIS DB구축 - 제품 사양서

*	**1. 개요**	
*	제품 사양서 제목	OO시 UPIS DB구축 제품 사양서
*	제품 사양서 관리부서	OO시 도시주택국 도시계획과 도시계획정보팀 OO시 OO구 OO대로 123 전화 : 02-123-4567 e-maile : urban@go.kr
	제품 사양서 언어	한국어
*	제품 사양서 배부 포맷	pdf

*	용어 및 약어 정의	〈용어〉
		• 도시계획현황도/현황도
		  '국토의 계획 및 이용에 관한 법률'에 의한 용도지역/지구/구역/도시계획시설/지구단위계획 현황도
		• 고시도면
		  '국토의 계획 및 이용에 관한 법률'에 의해 용도지역/지구/구역/도시계획시설/지구단위계획의 결정현황을 정해진 양식의 도면으로 표시한 것으로 결정고시와 지형고시 두 종류가 있음.
		• 결정고시
		  '국토의 계획 및 이용에 관한 법률'에 의해 용도지역/지구/구역/도시계획시설/지구단위계획의 결정현황을 연속지적도 상에 표시한 도면
		• 지형고시
		  '국토의 계획 및 이용에 관한 법률'에 의해 용도지역/지구/구역/도시계획시설/지구단위계획의 결정현황을 수치지형도 상에 표시한 도면
		
		〈약어〉
		• UPIS : 도시계획정보체계
		        (Urban Planning Information System)
		
		※ 용어 및 약어 정의를 별도의 문서로 작성할 수 있으며, 이 경우 출처를 제품 사양서에 표기한다.

*	**2. 제품 사양 범위**	
*	범위식별	OO시 행정구역 전체
*	**3. 데이터 제품 식별정보**	
*	제목	용도지역
*	요약	국토의 합리적, 경제적 이용을 위해 정부에서 미리 지정해 둔 토지의 용도로 도시지역, 관리지역, 농림지역, 자연환경보전지역을 말한다.
*	주제 분류	planning cadastre
	공간표현유형	vector
*	지리 범위	westBoundLongitude : 939233.490147,1945766.914734 eastBoundLongitude : 972382.823628,1950061.377024 southBoundLatitude : 960188.096214,1936691.670823 northBoundLatitude : 957670.561165,1967138.484766
*	역할 : 식별범위	OO시 행정구역 전체

• 사례의 지리 범위는 EX_GeographicBoundingBox로 작성하였다.

사례9. 데이터 제품 사양 (KS X ISO 19131) 표준 적용하기 (예시-계속)

*	**4. 데이터 내용 및 구성**	
*	서술적 설명	용도지역은 도시지역, 관리지역, 농림지역, 자연환경보전지역으로 구분되며, 지오메트리 타입은 폴리곤이다.
*	역할 : 식별범위	OO시 행정구역 전체
	4-1. 지형지물 기반 정보	
	역할 : 응용 스키마	OO시 UPIS DB구축 피처기반 응용 스키마 (첨부1 : OO시 UPIS DB구축 피처기반 응용 스키마)
*	역할 : 지형지물 목록	OO시 UPIS DB구축 지형지물 목록 문서 (첨부2 : OO시 UPIS DB구축 지형지물 목록)
	5. 참조체계	

*	공간 참조체계	type : projected
		타원체 : Bessel 1841
		데이텀 : Korean 1985 Datum
		투영법 : TM좌표계
		투영원점 : 중부원점(경도127°, 위도38°)
		투영원점 가산값 : False Easting 200,000m,
		       Fals Northing : 500,000m
		        (단, 제주도의 False Northing은 550,000m)
		중앙자오선의 축척계수 : 1.000

*	역할 : 참조체계 범위	OO시 행정구역 전체
	6. 데이터 품질	
*	데이터 품질 기준	1. 완전성 - 동일한 속성 및 동일한 좌표를 가진 용도지역은 존재할 수 없다. 2. 논리 일관성 - 용도지역은 중첩될 수 없다. - 용도지역은 폐합된 폴리곤으로 구축되어야 한다. 3. 위치 정확성 - 용도지역은 OO시 행정구역 범위 내에 존재해야 한다.
*	역할 : 품질 범위	OO시 행정구역 전체
	7. 데이터 수집	
*	데이터 수집 내용	용도지역 데이터 구축을 위해 OO시 KRAS 연속주제도를 수집한다.
*	역할 : 수집범위	OO시 행정구역 전체
	8. 데이터 유지관리	
*	유지관리 및 갱신주기	- 용도지역 데이터는 UPIS 시스템에 탑재하여 유지관리 한다. - 용도지역은 신규 또는 변경 고시를 기준으로 갱신한다. - 1년 단위로 갱신하며, 유지보수 용역을 통해 갱신한다.
*	역할 : 유지관리 범위	OO시 행정구역 전체

- KS X ISO 19109 응용 스키마 규칙을 참고하여 작성
- 지형지물 목록은 KS X ISO19110 지리정보-지형지물 목록 작성 방법론에 의해 작성된 FC_지형지물목록을 말한다.

- 제품 사양서의 데이터 품질은 데이터 검수단계에서 데이터 품질 검사기준이 된다.
  - 데이터 품질 검사 방법 KS X ISO19157 지리정보-데이터품질 표준
  - 'KS X ISO19157 품질 해설서'를 참고

공간정보표준 활용 가이드

사례9. 데이터 제품 사양 (KS X ISO 19131) 표준 적용하기 (예시-계속)

* 10. 데이터 배포 정보

*	배포포맷 정보	* 배포매체	www.nsdi.go.kr
		* 배포범위	OO시 행정구역 전체
		* 배포포맷	GeoJSON
		* 포맷명칭	geographic javascript object notation
		* 언어	UTF-8
*	배포매체 정보	* 배포단위	OO시 행정구역 전체

11. 부가정보

* 역할 : 부가정보 범위   OO시 행정구역 전체

12. 메타데이터

* 메타데이터 입력기로 작성한다.
  (첨부3 : OO시 UPIS DB구축 메타데이터)

- 국가공간정보포털
  「메타데이터 입력기」배포
  www.nsdi.go.kr 자료실

- 개념적 스키마 언어와
  응용 스키마는
  KS X ISO/TS 19103,
  KS X ISO 19109를 참조

〈첨부1〉 OO시 UPIS DB구축 피처기반 응용 스키마

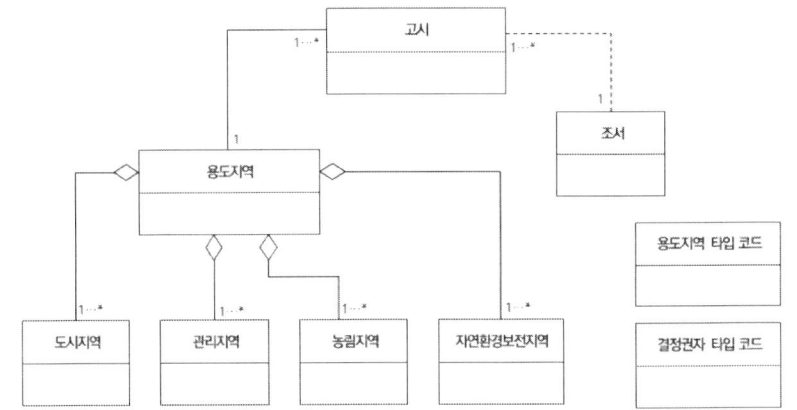

〈첨부2〉 OO시 UPIS DB구축 지형지물 목록

피처기반 지형지물 목록(예시)

명칭	OO시 UPIS DB구축 지형지물 목록
범위	도시계획
응용분야	
버전 번호	1.0
버전 날짜	2019년 12월
정의 출처	
제공자	국토교통부

사례9. 데이터 제품 사양 (KS X ISO 19131) 표준 적용하기 (예시-계속)

피처기반 지형지물 목록(예시)

피처유형
명칭	용도지역
정의	용도지역 패키지의 피처 유형
피처 속성명칭	ID
하위유형	도시지역, 관리지역, 농림지역, 자연환경보전지역

피처속성
명칭	ID
정의	용도지역 ID
값 데이터 유형	UUID

피처유형
명칭	도시지역
정의	용도지역 패키지의 하위유형의 하나이며, 인구와 산업이 밀집되어 있거나 밀집이 예상되어 그 지역을 체계적으로 개발·정비·관리·보전할 지역
코드	UQ111
피처 속성명칭	ID, AREA, KIND_CODE

피처속성
명칭	ID
정의	도시지역 ID
값 데이터 유형	UUID

피처속성
명칭	AREA
정의	도시지역의 해당 피처의 도형면적
값 데이터 유형	실수
값 측정 단위	m^2

피처속성
명칭	KIND_CODE
정의	도시지역을 세분하는 값으로 주거지역, 상업지역, 공업지역, 녹지지역의 코드로 구분함
코드	UQA100, UQA200, UQA300, UQA400
값 데이터 유형	문자열

- 지형지물 목록 상세 내용은 KS X ISO 19110 지리정보- 지형지물 목록작성 방법론 참고

〈첨부3〉 OO시 UPIS DB구축 메타데이터
〈?xml version="1.0" encoding="euc-kr" ?〉
〈?xml-stylesheet type="text/css" href="http://www.ngi.go.kr/std_meta.css"?〉
〈MD_메타데이터〉
　　　〈메타데이터정보〉
　　　　　　〈기본정보〉
　　　　　　　　　〈메타데이터파일식별자〉OO시 UPIS DB구축 메타데이터〈/메타데이터파일식별자〉
　　　　　　　　　〈메타데이터언어〉한국어(KO)〈/메타데이터언어〉
　　　　　　　　　〈메타데이터문자셋〉utf-8〈/메타데이터문자셋〉
　　　　　　　　　〈메타데이터적용계층대상〉데이터셋〈/메타데이터적용계층대상〉

- 메타데이터는 XML형태의 작성을 권장하며 메타데이터 입력기로 쉽게 XML형태로 작성할 수 있다.

사례9. 데이터 제품 사양 (KS X ISO 19131) 표준 적용하기 (예시-계속)

```
〈메타데이터적용계층대상명〉〈/메타데이터적용계층대상명〉
            〈메타데이터생성일자〉20191201〈/메타데이터생성일자〉
            〈메타데이터표준명〉지리정보-메타데이터〈/메타데이터표준명〉
            〈메타데이터표준버젼〉KS X ISO 19115-1〈/메타데이터표준버젼〉
        〈/기본정보〉
        〈메타데이터연락정보〉
            〈책임자개인명〉정표준〈/책임자개인명〉
            〈책임자직위명〉대리〈/책임자직위명〉
            〈책임기관명〉스탠다드컴퍼니〈/책임기관명〉
            〈책임담당자역할〉배포자〈/책임담당자역할〉
            〈연락정보〉
                    〈국가〉대한민국〈/국가〉
                    〈도시〉서울시〈/도시〉
                    〈행정구역〉강남구〈/행정구역〉
                    〈세부주소〉테헤란로158길 29〈/세부주소〉
                    〈우편번호〉〈/우편번호〉
                    〈전자우편주소〉〈/전자우편주소〉
                    〈전화번호〉02-561-1234〈/전화번호〉
                    〈팩스번호〉〈/팩스번호〉
                    〈연결위치〉www.nsdi.go.kr〈/연결위치〉
                    〈획득방법〉다운로드〈/획득방법〉
            〈/연락정보〉
        〈/메타데이터연락정보〉
〈/메타데이터정보〉
〈식별정보〉
    〈기본정보〉
        〈식별기본정보〉
                〈공간표현방식〉벡터〈/공간표현방식〉
                〈공간해상도〉〈/공간해상도〉
                〈자원언어〉한국어(KO)〈/자원언어〉
                〈자원문자셋〉utf-8〈/자원문자셋〉
                〈주제분류〉도시계획〈/주제분류〉
                〈요약설명〉토지의 이용 및 건축물의 용도, 건폐율, 용적
률, 높이 등을 제한함으로써 토지를 경제적, 효율적으로 이용하고 공공복리의 증진을 보모하기 위하여
서로 중복되지 아니하게 도시관리계획으로 결정하는 지역〈/요약설명〉
                〈자원포맷〉
                        〈포맷명〉shp〈/포맷명〉
                        〈포맷버젼〉〈/포맷버젼〉
                〈/자원포맷〉
                〈제목〉용도지역〈/제목〉
                〈범위설명〉OO시 전체〈/범위설명〉
                〈지리설명〉OO시 전체〈/지리설명〉
        〈/식별기본정보〉
        〈지리경계지리설명〉
                〈서쪽경계경도〉939233.49,1945766.91〈/서쪽경계경도〉
                〈동쪽경계경도〉972382.82,1950061.37〈/동쪽경계경도〉
                〈남쪽경계위도〉960188.09,1936691.67〈/남쪽경계위도〉
                〈북쪽경계위도〉957670.56,1967138.48〈/북쪽경계위도〉
                〈지리식별자〉〈/지리식별자〉
```

사례9. 데이터 제품 사양 (KS X ISO 19131) 표준 적용하기 (예시-계속)

```
            〈/지리경계지리설명〉
        〈/기본정보〉
        〈공간정보연락처〉
            〈책임자개인명〉홍길동〈/책임자개인명〉
            〈책임자직위명〉주무관〈/책임자직위명〉
            〈책임기관명〉공간정보진흥과〈/책임기관명〉
            〈책임담당자역할〉관리인〈/책임담당자역할〉
            〈연락정보〉
                〈국가〉대한민국〈/국가〉
                〈도시〉세종시〈/도시〉
                〈행정구역〉〈/행정구역〉
                〈세부주소〉〈/세부주소〉
                〈우편번호〉〈/우편번호〉
                〈전자우편주소〉〈/전자우편주소〉
                〈전화번호〉044-201-3475〈/전화번호〉
                〈팩스번호〉〈/팩스번호〉
                〈연결위치〉www.nsdi.go.kr〈/연결위치〉
                〈획득방법〉다운로드〈/획득방법〉
            〈/연락정보〉
            〈연락처지침〉〈/연락처지침〉
            〈기타출처상세〉〈/기타출처상세〉
        〈/공간정보연락처〉
        〈범위지리정보〉
            〈지리정보〉
                〈파일명〉용도지역.shp〈/파일명〉
                〈파일크기〉72,909byte〈/파일크기〉
                〈공간데이터〉〈/공간데이터〉
                〈원본파일크기〉〈/원본파일크기〉
            〈/지리정보〉
        〈/범위지리정보〉
        〈공간표현정보〉
            〈기본정보〉
                〈벡터일련번호〉1〈/벡터일련번호〉
                〈공간표현유형〉Geometry〈/공간표현유형〉
                〈점및개체벡터유형〉polygon〈/점및개체벡터유형〉
                〈위상관계등급〉〈/위상관계등급〉
                〈그리니치경도〉〈/그리니치경도〉
                〈그리니치경도단위〉〈/그리니치경도단위〉
                〈그리니치경도단위크기〉〈/그리니치경도단위크기〉
                〈지구타원체명〉Bessel1841 회전타원체〈/지구타원체명〉
                〈반장축〉6,377,397.15500〈/반장축〉
                〈반장축단위〉m〈/반장축단위〉
                〈역편평율〉1/299.1528128000〈/역편평율〉
                〈좌표계명〉평면직각좌표 체계〈/좌표계명〉
                〈좌표계차원〉2D〈/좌표계차원〉
                〈거리좌표단위〉〈/거리좌표단위〉
                〈방위각해상도〉〈/방위각해상도〉
                〈방위각단위〉〈/방위각단위〉
```

공간정보표준 활용 가이드

사례9. 데이터 제품 사양 (KS X ISO 19131) 표준 적용하기 (예시-계속)

```
                    〈방위각참조방향〉〈/방위각참조방향〉
                    〈방위각참조축〉〈/방위각참조축〉
            〈/기본정보〉
            〈투영정보〉
                    〈투영명〉TM〈/투영명〉
                    〈투영파라메타명〉〈/투영파라메타명〉
                    〈투영파라메타값〉〈/투영파라메타값〉
                    〈투영파라메타단위〉〈/투영파라메타단위〉
                    〈투영파라메타설명〉〈/투영파라메타설명〉
            〈/투영정보〉
        〈/공간표현정보〉
        〈제약정보〉
            〈법적제약〉〈/법적제약〉
            〈보안제약〉〈/보안제약〉
            〈판권제약〉〈/판권제약〉
            〈입수제약〉〈/입수제약〉
            〈기타제약〉〈/기타제약〉
            〈이용제약〉CC BY-NC-ND〈/이용제약〉
            〈이용자에의한제약〉〈/이용자에의한제약〉
            〈저작권〉〈/저작권〉
        〈/제약정보〉
    〈/식별정보〉
〈/MD_메타데이터〉
```

TIP. 공간정보사업 수행에서의 공간정보표준 준수의 의미는?

공간정보 표준은 지리정보요소들의 적용 또는 활용을 위해 사실, 절차, 내용, 품질 등을 서술하고 계획된 목적과 부합하도록 해주는 기준 및 협약 등을 제시하는 것이다. 공간정보 사업에서의 표준 준수의 의미는 표준에 제시된 모든 기준에 맞춘 사업수행을 의미하는 것이 아니라 수행하는 사업의 목적에 맞게 제시된 기준을 선별하여 준수하고, 명확하게 표준 준수를 설명할 수 있는 것이다.

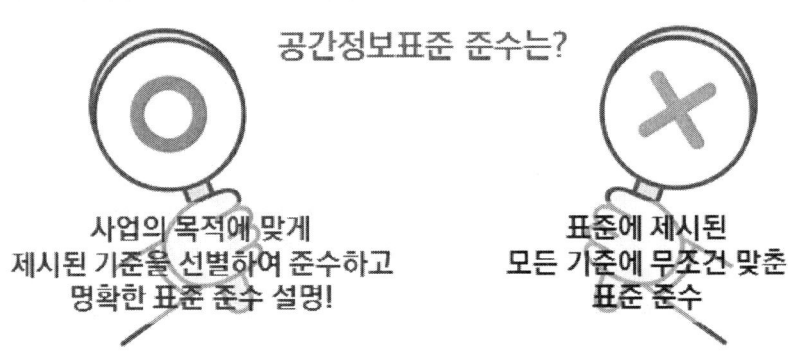

3) 자료조사 및 수집

(1) 자료조사 및 수집

UPIS DB구축을 위해 원천데이터를 조사하고 수집하는 과정이다. 공간정보표준 활용을 위한 가이드이기 때문에 속성구축을 위한 조사 및 수집에 대한 설명은 생략하도록 한다.

매뉴얼의 도형자료 구축대상 정의를 살펴보면 수집대상 데이터는 KRAS DB와 도시계획 결정 및 지형도면 고시 파일을 원천데이터로 수집한다.

〈표 3〉 도형자료 구축대상 정의

추진공정	구분	구축대상	구축형태
도형자료	도시계획현황도		KRAS DB 활용 벡터데이터로 구축
	고시도면	결정고시	원고시도면 기반 (CAD, SHP파일) 이미지 데이터로 구축
		지형고시	
	이력도형		원고시도면 기반 (CAD, SHP파일) 벡터데이터로 구축
	도시계획연혁도		
	개발행위허가필지도면		
	기타	수치지형도	지자체 보유자료 활용
		연속지적도	KRAS DB활용한 UPIS 데이터 로딩
		국토법이외의 개별법에 의한 연속지적도	
	지구단위계획규제도형		원고시도면 기반 (CAD, SHP파일) 벡터데이터로 구축

- 수집 자료에 대한 메타데이터 정보를 확보하는 것이 필요하다. 자료제공 기관에서 KS X ISO 19115-1을 준수한 메타데이터를 제공받으면 정보해석이 쉬워진다.

수집되는 데이터는 데이터 포맷, 좌표 체계, 구축일자 등 메타데이터 정보와 DB구축 항목과 속성을 확인할 수 있는 정보인 DB구축 정의서를 받는 것이 필요하다. 별도로 관리되는 메타데이터가 없다면 최소한 좌표 체계, 레이어명, 속성에 사용된 코드 등의 정보를 확인해야 한다. 더불어 가장 중요한 것이 공간정보로 구축 또는 변환 가능 여부를 체크하는 것이다.

- 공간정보 구축 또는 변환은 KS X ISO 19125-1의 기하객체로 표현되지 않는 객체의 오류여부 확인을 통해 체크한다.

TiP. 자료조사 및 수집 시 체크사항!

1. **수집 자료에 대한 메타데이터 정보 확보**
   - 데이터 포맷
   - 좌표 체계
   - 구축 일자
2. **DB구축 정의서**
   - 레이어명
   - 속성정보(코드 정의서 포함)
3. **공간정보로 구축 또는 변환 가능 여부 확인**
   - KS X ISO 19125-1의 기하객체로 표현되지 않는 객체의 오류여부 확인

도시계획정보체계(UPIS) 구축 사업수행 사례

2. 사업수행 중기 단계

사업수행 중기

사업수행 단계			
이전 단계	초기 단계	✔ 중기 단계	완료 및 서비스 단계

사업수행 중기 단계는 수집된 자료를 초기단계에 작성한 제품 사양서에 맞게 구조화하는 데이터 구축 수행이 중심이 되는 단계이다. 데이터 제품 사양서를 기준으로 공간정보 데이터를 KS X ISO 19125-1 지리정보-단순 피처(특징)접근-제1부:공통구조(아키텍처)를 반드시 참고하여 구축하며, 구축 중간 품질점검을 시행한다면 KS X ISO 19157 지리정보-데이터 품질 표준을 적용하도록 한다. 중기단계에서는 본 가이드 제작의 취지에 따라 아래 사업수행의 1) 도형자료 구축의 ③ 도형자료 구축에 대하여 집중 설명한다. UPIS는 연속지적도를 지자체별로 KRAS서버와 API를 통해 수평연계를 하는데, 가이드에서 외부데이터 연계는 국가공간정보포털의 오픈API를 Tip을 통해 설명하기로 한다.

■ 사업수행

1) **도형자료 구축** : ① 도형자료 구축대상 확인 〉② 공간정보표준 적용 〉③ 도형자료 구축
2) **속성자료 구축** : ④ 속성자료 구축대상 확인 〉⑤ 공간정보표준 적용 〉⑥ 속성자료 구축
3) **도형 및 속성자료 연계 구축** : ⑦ 도형 및 속성자료 연계 구축대상 확인 〉⑧ 공간정보표준 적용 〉⑨ 연계 구축

■ 적용 표준

수행 내용	표준 역할	표준번호	표준명
지형공간정보의 표현 (또는 연계)	데이터접근	KS X ISO 19125-1	지리정보-단순피처(특징)접근-제1부:공통구조(아키텍처)
	품질	KS X ISO 19131	지리정보-데이터 제품 사양
	품질	KS X ISO 19157	지리정보-데이터 품질

※ 이외로, KS X ISO 19157(데이터 품질) 표준을 기반으로 제작된 품질표준 해설서를 참고한다.

■ 참고자료

- 국가공간정보포털 (http://www.nsdi.go.kr) 〉 공간정보표준
- 도시계획정보체계(UPIS) 데이터베이스 구축지침 매뉴얼 (국토교통부, 2013)
- 공간정보 데이터 품질 (KS X ISO 19157) 해설서 (국토교통부, 2016)

2. 사업수행 중기 단계

- 사업수행 중기 단계는 수집된 원천 데이터를 제품 사양서에 맞게 구조화하는 DB구축 수행이 중심이 되는 단계이다.

벡터데이터 DB구축에서 공간정보 표준준수는 90% 이상이 사업수행 초기단계에서 참조되고 준수된다. 이는 초기단계에서 작성되는 데이터 제품 사양서에 벡터데이터 DB구축 관련한 대부분의 표준이 인용되기 때문이다. 사업수행 초기단계에서 작성된 데이터 제품 사양서와 수집된 자료로 데이터베이스를 구축하기 위해 모든 준비가 끝나면 데이터 구조화 작업을 통해 공간정보를 생산하면 된다. 데이터 제품 사양서가 표준을 준수하여 잘 작성되었다면 이 단계는 자동으로 표준을 준수하게 되는 것이다.

1) 도형자료 구축

도형자료 구축대상 확인	공간정보표준 확인	✔ 도형자료 구축

◀ 도형자료 구축절차

현황도 자료 수집 ⇒ 도시계획 사항 추출 ⇒ KRAS 검토 및 수정 ⇒ 구조화 편집 ⇒ 고시·조서 연계 검수

Tip1. 공간정보표준 준수는 데이터 제품 사양서가 열일한다.

[KS X ISO 19131 지리정보-데이터 제품 사양 인용표준]

3. 인용표준

다음의 인용표준은 이 표준의 적용을 위해 필수적이다. 발행연도가 표기된 인용표준은 인용된 판만을 적용한다. 발행연도가 표기되지 않은 인용표준은 최신판(모든 추록을 포함)을 적용한다.

KS X ISO 639-2, 언어명 표현 코드 - 제2부 : 세 자리 코드
KS X ISO 19103, 지리정보 - 개념적 스키마 언어
KS X ISO 19107, 지리정보 - 공간객체 스키마 표준
KS X ISO 19108, 지리정보 - 시간 개요(스키마)
KS X ISO 19109, 지리정보 - 응용 스키마 규칙
KS X ISO 19110, 지리정보 - 지형지물 목록작성 방법론
KS X ISO 19111, 지리정보 - 좌표에 의한 공간 참조
KS X ISO 19112, 지리정보 - 지리 식별인자에 의한 공간 참조
KS X ISO 19113, 지리정보 - 품질 원칙(KS X ISO 19157 지리정보 - 데이터 품질로 통합)*
 * 국제표준 ISO 19113이 2002년 제정된 후 2013년 19157로 통합되어 2013년에 폐지됨에 따라
   국가표준의 국제표준 부합화를 위해 KS X ISO 19113 폐지를 제안, 2018년에 폐지됨
KS X ISO 19115, 지리정보 - 메타데이터
KS X ISO 19117, 지리정보 - 묘화
KS X ISO 19123, 지리정보 - 커버리지 기하 및 함수에 대한 스키마
KS X ISO TS 19138, 지리정보 - 데이터 품질 측정기준(KS X ISO 19157 지리정보 - 데이터 품질로 통합)**
 ** 국제표준 ISO 19138이 2006년 제정된 후 2013년 국제표준 ISO 19157로 통합되어 2013년에 폐지됨에
   따라 국가표준의 국제표준 부합화를 위해 KS X ISO 19138의 폐지를 제안, 2018년에 폐지됨

- 데이터 제품 사양서에 벡터데이터 DB구축 관련 공간정보표준이 대부분 인용되어 있어, 데이터 제품 사양서 작성이 중요하다.

Tip2. 도형자료 구축 시 참고해야 하는 공간정보표준 KS X ISO 19125-1

1) KS X ISO 19125-1 표준

표준번호	표준명
KS X ISO 19125-1	지리정보-단순피처(특징)접근-제1부 공통구조(아키텍처)

- **목적**: ISO 19125-1의 공통 구조(아키텍처)를 구축하고, 여기에 사용되는 용어에 대하여 규정
- **적용범위**: 이 규격은 다음의 내용을 포함하여 형식을 추가하거나 유지하는 어떤 부분의 메커니즘을 않으며 또한, 의존하지 않음
  a) 형식을 정의하기 위해 제공되는 신텍스(syntax)와 기능
  b) 함수를 정의하기 위해 제공되는 신텍스와 기능
  c) 데이터베이스에서 유형 인스턴스의 물리적인 저장
  d) 사용자 정의 형식을 참조하기 위해 사용되는 특정한 용어
- **내용**
  - 기하 형식을 위한 명칭과 기하 정의를 표준화
  - 신텍스 및 기능, 데이터베이스 저장, 특정 용어를 포함하여 형식을 추가하거나 유지하는 메커니즘을 표준화하거나 의존하지 않음

• KS X ISO 19125-1을 준수한 도형자료 구축은 데이터의 DB탑재 및 공간연산의 정확도를 높이기 위해 꼭 필요하다.

2) 그림으로 보는 DE-9IM

주어진 기하 객체가 a일 때, I(a), B(a), E(a)는 각각 a의 내부, 경계 외부를 나타내며, 아래의 표는 차원으로 확장된 9개의 교차 매트릭스(DE-9IM)의 일반적인 형태이다.

	내부	경계	외부
내부	dim(I(a)∩I(b))	dim(I(a)∩B(b))	dim(I(a)∩E(b))
경계	dim(B(a)∩I(b))	dim(B(a)∩B(b))	dim(B(a)∩E(b))
외부	dim(E(a)∩I(b))	dim(E(a)∩B(b))	dim(E(a)∩E(b))

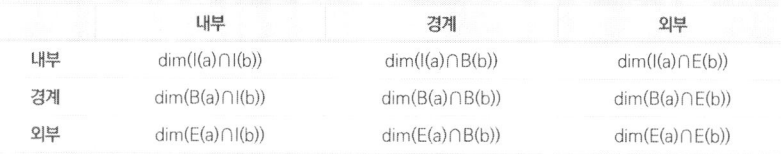

- **Equals**: 기하객체가 공간적으로 동일한 경우
- **Disjoint**: 기하객체가 공간적으로 분리될 경우
- **Intersects**: 기하객체가 공간적으로 교차될 경우
- **Touches**: 기하객체가 공간적으로 접촉될 경우
- **Crosses**: 기하객체가 공간적으로 횡단될 경우
- **Within**: 기하객체가 공간적인 내부에 있는 경우
- **Contains**: 기하객체가 공간적으로 포함할 경우
- **Overlap**: 기하객체가 공간적으로 중첩될 경우
- **Relate**: 기하객체가 공간적으로 관계된 경우

• 도형자료 구축 시, 가장 많이 발생하는 오류는 데이터의 좌표 체계 불일치와 도형의 기하 객체 관계 오류이다.

3) 도형구축 작성 예시

① 점
점은 0차원의 기하 객체이며 좌표 공간에서 한 점의 위치를 표현한다. 한 점은 x-좌표값과 y-좌표값을 가진다. 점의 경계는 빈 집단이다.

② 선문자열, 선, 선형고리
선문자열은 점들을 선형 보간법으로 처리한 곡선이다. 각 점이 연속적인 쌍은 선 구분으로 정의한다. 선은 정확히 2개의 점을 갖고 있는 선문자열이다. 닫혀 있고 단순한 선문자열은 선형 고리이다.

공간정보표준 활용 가이드

Tip2. 도형자료 구축 시 참고해야 하는 공간정보표준 KS X ISO 19125-1(계속)

- **선문자열의 보기**

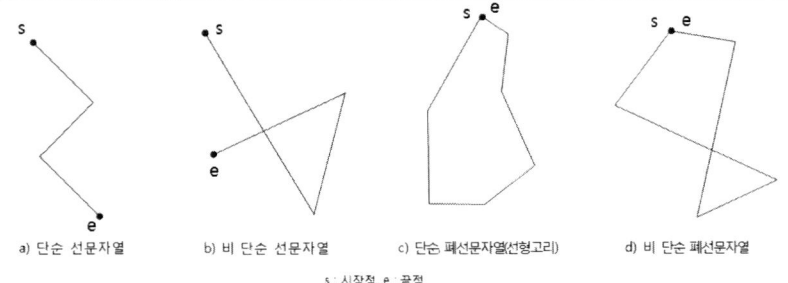

a) 단순 선문자열   b) 비 단순 선문자열   c) 단순 폐선문자열(선형고리)   d) 비 단순 폐선문자열

s : 시작점, e : 끝점

③ 다각형

다각형은 1개의 외부 경계와 0 또는 그 이상의 내부 경계로 정의되는 평면적 표면이다. 각 내부 경계는 다각형에서 구멍으로 정의된다.

다각형에 대한 정의는 다음과 같다.

a) 다각형은 위상적으로 닫혀 있다.
b) 다각형의 경계는 내부와 외부 경계를 형성하는 선형 고리의 집단으로 구성된다.
c) 경계에서 두 고리는 교차되지 못하며, 다각형의 경계에서 고리는 접선으로 교차되는 것만을 제외하고 한 점에서 교차될 수 있다.
d) 다각형의 잘린 선, 스파이크 또는 뚫린 구멍을 가지지 못한다.
e) 모든 다각형의 내부는 연결된 점의 집단이다.
f) 1개 또는 그 이상의 구멍을 갖는 다각형의 외부는 연결되지 않는다. 각 구멍은 외부의 연결된 컨포넌트를 정의한다.

- **각각 1, 2, 3개의 고리를 갖고 있는 다각형의 보기**

> 흔히 1개의 고리는 polygon, 2, 3개의 고리를 갖는 다각형은 hole polygon을 의미한다.

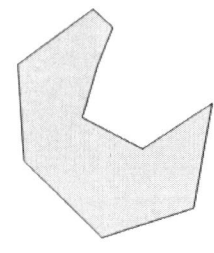 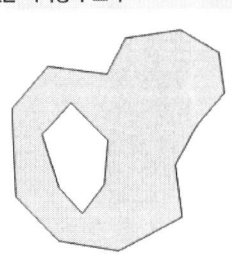 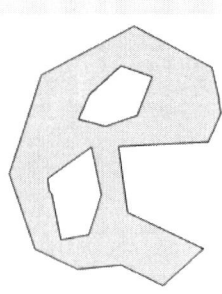

- **다각형의 단일 인스턴스로 표현되지 않는 객체의 보기**

이 보기의 유형으로 도형구축이 되면 DB탑재 또는 공간연산 시 오류가 발생하기 때문에, 올바른 구축방법을 데이터 제품 사양서에 작성하고 데이터 품질검사 기준으로 하여 데이터 품질을 관리한다.

> 도형 오류 발생 유형을 데이터 품질 기준으로 활용할 수 있다.

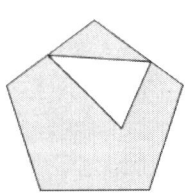 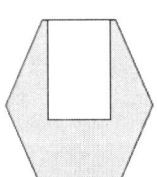 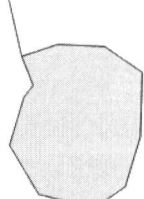 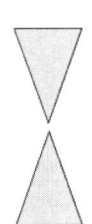

Tip3. 국가공간정보포털(www.nsdi.go.kr) 오픈API 서비스

1) API 소개

① **속성정보**
속성정보에 대한 데이터를 외부에서 활용할 수 있도록 XML 또는 JSON형태로 데이터를 제공

② **공간정보**
OGC(Open Geospatial Consortium)가 제정한 표준 프로토콜을 이용해 지리공간 정보를 두 가지 형태로 제공

서비스명	설명	표준번호
WMS (Web Map Service)	지리데이터에서 생성된 맵 이미지(png, jpg, gif)를 활용할 수 있도록 한다.	OGC 06-042
WFS (Web Feature Service)	벡터도형 및 속성을 지닌 지리 피처데이터를 활용할 수 있도록 한다.	OGC 06-027r1

- OGC 표준을 준수한 서비스로 외부 구축 데이터를 API연계로 활용할 수 있기 때문에 데이터의 중복구축을 방지할 수 있다.

2) 인증키 발급

오픈API 사용신청(오픈API 〉 상세기능 〉 신청하기)을 통해 인증키를 발급받고, 부여받은 인증키 값과 함께 요청 URL을 서버로 전송하면 오픈API 서비스를 사용하실 수 있다.

3) 요청 URL 작성 예시

요청 URL은 오퍼레이션 상세(오픈API 서비스 목록 〉 서비스 상세 〉 상세기능) 화면의 요청주소란 에서 확인할 수 있다.

① **속성정보**
서비스 결과는 XML 또는 JSON 형식으로 받을 수 있고, 예시처럼 원하는 결과형식을 지정할 수 있다. format 요청변수를 이용하여 원하는 결과형식을 지정하며, 결과형식을 지정하지 않으면 기본값으로 xml 형식이 사용된다.

형식	요청 URL
JSON	http://openapi.nsdi.go.kr/서비스제공 restful URL.?format=json&authkey=인증키[&요청변수=값]
XML	http://openapi.nsdi.go.kr/서비스제공 restful URL.?format=xml&authkey=인증키[&요청변수=값]

② **공간정보**
WMS/WFS 서비스별로 필요한 요청변수를 지정한다. 요청변수는 [요청변수] 탭을 참고한다.

http://openapi.nsdi.go.kr/서비스제공 restful URL.?authkey=인증키[&요청변수=값]

- URL형태로 인증키와 요청변수를 지정, 요청하여 외부 시스템의 서비스를 실시간으로 연계하여 활용할 수 있다.

4) 요청변수

유효한 요청 URL의 구성을 위해 아래의 서비스별 요청변수 정보를 참고하여 요청 매개변수를 "요청변수=값&"의 형태인 이름/값 쌍으로 추가하여야 한다.

① **WMS 요청변수**

요청변수	필수여부	샘플데이터	설명
layers	옵션	2,3,4	화면에 표출할 레이어입니다. 값은 쉼표로 구분한 레이어명의 나열입니다.
crs	필수	EPSG:5179	좌표 체계를 나타냅니다. UTM-K(EPSG:5179), ITRF2000(EPSG:5186), Bessel(EPSG:2097) 좌표계를 지원합니다.

Tip3. 국가공간정보포털(www.nsdi.go.kr) 오픈API 서비스(계속)

요청변수	필수여부	샘플데이터	설명
bbox	필수	195489,284913, 220254,297910	크기(extent)를 정의하는 범위(bounding box)입니다. 같은 crs파라미터 형식에 맞춰 lc1,lc2,uc1,uc2를 입력합니다.
width	필수	900	반환 이미지의 너비를 픽셀값으로 설정합니다.
height	필수	760	반환 이미지의 높이를 픽셀값으로 설정합니다.
format	필수	image/png	반환 이미지 형식입니다. png, jpeg(jpg), gif 이미지 포맷을 지원합니다.
transparent	옵션	false	이미지 배경이 투명한지 결정합니다. 값은 true 혹은 false로, 기본값은 false입니다.
bgcolor	옵션	FFFFFF	이미지 배경색을 결정합니다. 값은 0xRRGGBB형태로, 기본값은 0xFFFFFF(흰색)입니다.
exceptions	옵션	xml	예외발생 시 처리 방법입니다. 1. blank : 빈 이미지를 반환 2. xml : utf-8인코딩형식으로 에러코드, 이름, 설명 정보를 담은 xml파일을 반환 3. inimage : 에러 정보가 포함된 이미지를 반환

② WFS 요청변수

요청변수	필수여부	샘플데이터	설명
typename	옵션	F2, F3, F4	질의 대상인 하나 이상의 피처유형 이름의 리스트, 같은 쉼표로 구분한 이름의 나열입니다.
bbox	옵션	(Modified Korea Central Belt) 217365,447511, 217636,447701, EPSG:5174	좌표로 이루어진 사각형 안에 담겨 있는 (또는 부분적으로 걸쳐 있는) 피처를 검색합니다. 좌표순서는 사용되는 좌표시스템을 따릅니다. 일반적으로 하단좌표, 상단좌표, 좌표 체계 순서입니다.(lc1,lc2,uc1,uc2,좌표 체계)
maxFeatures	옵션	10	요청에 대한 응답으로 WFS가 반환해야 하는 피처의 최대값입니다.(chleo 허용 값 : 100)
resultType	옵션	results 또는 hits	요청에 대하여 WFS가 어떻게 응답할 것인지 정의합니다. results 값은 요청된 모든 피처를 포함하는 완전한 응답이 생성되어야 함을 나타내며, hits 값은 피처의 개수만이 반환되어야 함을 의미합니다.
srsName	옵션	EPSG:5174	반환되어야 할 피처의 기하에 사용되어야 할 wfs가 지원하는 좌표 체계입니다.

- API KEY를 발급받아 다양한 배경지도를 연계하여 활용할 수 있다.

Tip4. API KEY 발급받아 배경지도 서비스하기!!

공간정보 서비스의 경우 데이터의 가독성을 높이기 위해 대부분 배경지도를 같이 서비스한다.
한국국토정보공사, 국토지리정보원 등에서도 배경지도를 활용할 수 있도록 API KEY를 발급하고 있다.
1. V World : http://www.vworld.kr/dev/v4api.do
2. 국토지리정보원 : http://map.ngii.go.kr/mi/openKey/openKeyInfo.do
3. 카카오맵 : http://apis.map.kakao.com/android/
4. 구글지도 : https://cloud.google.com/maps-platform/pricing/?hl=ko
그 밖에 네이버지도, OSM 등 API연계를 통해 다양한 배경지도를 활용할 수 있다.

도시계획정보체계(UPIS) 구축 사업수행 사례

3 사업수행 완료 단계

사업수행 완료

사업수행 단계			
이전 단계	초기 단계	중기 단계	✔완료 및 서비스 단계

사업수행 완료 단계는 품질 평가를 통해 구축된 데이터가 제품 사양서에 맞게 구조화되었는지 품질을 평가하고 그에 따른 메타데이터를 관리한다. **데이터 품질을 위해 KS X ISO 19157 표준과 이를 쉽게 풀이한 데이터 품질 해설서를 참고**하도록 한다. 사업수행 완료 후에는 표준 적용계획에 따라 표준을 올바로 준수하였는지 발주처를 통해 표준지원기관에 사후검토를 요청하여 검토를 받는다. 이후 데이터 유지관리 및 서비스, 제3자에게 KS X ISO/TS 19158 표준을 준수하여 품질보증된 지리정보를 제공할 수 있다.

■ 사업수행

1) **자료 검수 및 보완(탑재)** : ① 품질 평가
2) **사후검토** : ② 사후검토
3) **데이터 유지관리(서비스)** : ③ 데이터 유지관리 및 서비스

■ 적용 표준

수행 내용	표준 역할	표준번호	표준명
품질검사 (시스템 탑재)	품질	KS X ISO 19157	지리정보-데이터 품질
	메타데이터	KS X ISO 19115-1	지리정보-메타데이터
데이터 유지관리 (또는 서비스)	품질	KS X ISO/TS 19158	지리정보-데이터 제공의 품질보증

※ 이외로, KS X ISO 19131(데이터 제품 사양), KS X ISO 19125-1(단순피처접근) 표준을 참고한다.

■ 참고자료

- 국가공간정보포털 (http://www.nsdi.go.kr) 〉 공간정보표준
- 공간정보 품질표준 KS X ISO 19157 해설서 (국가공간정보포털 〉 지식공간 〉 자료실)
- 사전검토 및 사후검토 소개

3. 사업수행 완료 단계

1) 자료 검수 및 보완(탑재)

✔ **품질 평가**

사업수행 완료 단계에서는 데이터 구축된 자료를 측정하여 평가하고, 평가를 통해 발견된 오류를 보완하는 작업을 수행한다. 이 과정을 통해 도출된 데이터 품질평가 결과는 구축된 데이터가 제품 사양에 얼마나 맞는지 설명하고 데이터 사용자가 사용하기에 충분한 품질인지 여부 판단을 위한 정보를 제공할 수 있다. 본 가이드에서는 데이터 품질평가 절차와 품질 요소 등을 설명하고 관련 사례를 통해 이해를 돕고자 한다.

◀ **KS X ISO 19157 데이터 품질을 준수한 평가 절차**

데이터 품질 평가 준비 ⇒ 데이터 품질 측정 지정 ⇒ 데이터 품질 평가 방법 지정 ⇒ 데이터 품질 평가 결과

- 공간정보 품질표준 KS X ISO 19157 해설서를 참고하면 공간정보 데이터 품질의 이해에 도움이 된다. (국가공간정보포털 〉 지식공간 〉 자료실)

Tip. 데이터 품질 평가 절차

데이터 품질 평가는 ① ~ ④번에 설명된 절차대로 수행된다.

① 데이터 품질 평가 준비
데이터에 품질을 평가하기 전에 품질확보할 데이터의 범위와 평가할 품질 요소를 지정하여 데이터에 대한 특징과 상세한 설명을 작성하여 준비한다.

- **데이터 범위 설명** : 품질평가 대상 데이터의 일반적인 특징과 사·공간적 범위에 관한 설명
- **평가할 데이터의 품질 요소 선택** : 데이터 품질을 설명하기 위한 품질 요소를 선택

② 데이터 품질 측정 지정
데이터 품질 측정은 데이터 품질 평가 준비과정에서 선택된 품질 요소의 측정 목록을 통해 데이터를 설명할 수 있다.

③ 데이터 품질 평가 방법 지정
데이터 품질 평가 방법을 지정하여 그에 알맞게 설명하고, 절차를 따라 데이터를 평가한다. 각각의 데이터마다 하나 이상의 평가 방법을 적용할 수 있다.

- **직접평가** : 데이터셋 내에서 항목을 검사함
  (직접평가인 경우, 전수검사와 표본 추출을 통해 평가를 수행할 수 있음)
- **간접평가** : 외부 데이터 제품 경험을 기반으로 데이터의 품질을 주관적으로 추론하거나 추정함

④ 데이터 품질 평가 결과
데이터 품질 평가를 수행한 후, 최종적으로 데이터 품질의 결과를 설명한다.

- **양적 결과** : 데이터 품질의 양적인 결과를 설명함
- **적합성 결과** : 데이터 품질의 적합성 결과를 설명함
- **기술 결과** : 양적 데이터 품질 결과를 설명할 수 없는 경우, 기술하여 설명함
- **커버리지 결과** : 데이터 품질 결과를 커버리지로 설명함

◀ 데이터 품질 평가 시기

데이터 품질 평가 시기는 구축할 데이터의 생산 특성과 주기를 파악하여 정하는 것이 바람직하다. 최초 신규구축의 경우에는 데이터 제품 사양 및 사용자 요구사항 명시를 위해 샘플 구축을 통해 품질 기준을 마련하고, 제품 생산 단계에서 부서 품질 관리의 일부 과정으로 품질 평가를 적용하는 것이 효과적이다. 또 기 구축 데이터로 운영하고 있고, 데이터 갱신 및 유지관리 목적의 구축사업의 경우는 제품 완성 단계에서 데이터 품질평가를 하는 것이 효과적이다. 따라서 구축 데이터의 생산 특성과 주기를 파악한 후 데이터 품질 평가 시기를 결정하는 것이 필요하다.

- 데이터 품질 평가 시기는 구축 데이터의 특성과 주기를 파악하여 발주처와 협의하여 정하는 것이 바람직하다.

Tip. 데이터 품질 평가 시기

① 데이터 제품 사양 및 사용자 요구사항 명시
  데이터 제품 사양이나 사용자 요구사항을 명시할 때, 품질 평가는 최종적으로 제품이 충족해야 하는 품질 수준을 정하는 데 유용하게 사용할 수 있다.

② 데이터 생산 과정에서 품질관리
  제품 생산 단계에서 생산자는 제품 사양에 명확히 포함되지 않더라도 제품 품질 관리의 일부 과정으로 품질 평가를 적용할 수 있다.

③ 데이터 제품 사양에 대한 적합성 검사
  제품 완성 단계에서 데이터 품질 결과를 생성 및 보고하기 위해 품질 평가할 수 있다.

④ 사용자 요구사항에 대한 데이터셋 적합성 검사
  데이터셋이 사용자 요구사항에 지정된 품질 수준 충족 적합성 여부를 설정하는 데 품질 평가를 할 수 있다.

◀ 데이터 품질 정보의 개관

- 데이터 품질은 데이터 품질 요소를 이용하여 설명해야 한다.

- 데이터 품질 요소에 의한 품질 보고서는 데이터 제품 사양서 기준 충족여부와 정량적 품질 정보를 제공하는 데 사용된다.

Tip. 지리 데이터를 위한 품질의 개념적 모델

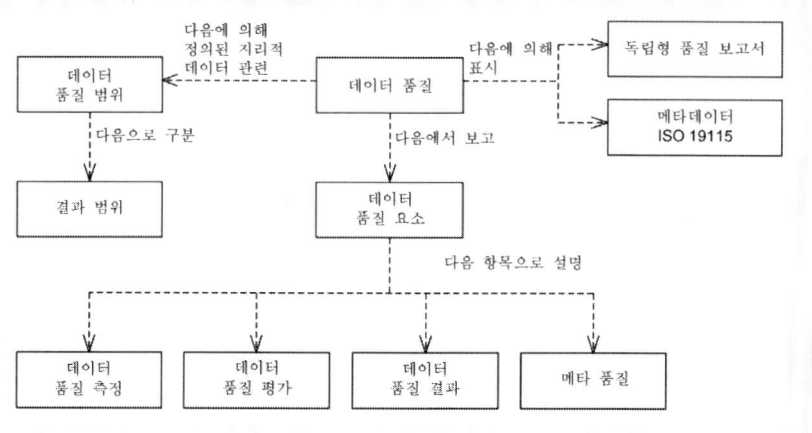

◀ 품질 구성

데이터 품질을 평가하기 위해 측정요소, 평가방법, 평가결과 및 보고하는 방법에 대하여 전체적인 구조와 관계를 파악해야 한다. 데이터 품질의 요소는 데이터 품질을 하나의 수단으로써 측정참조, 평가방법, 평가결과를 설명할 수 있으며, 각 과정에 따라 설명된 품질 정보를 보고할 수 있다.

- 데이터 품질 평가 시기는 구축 데이터의 특성과 주기를 파악하여 발주처와 협의하여 정하는 것이 바람직하다.

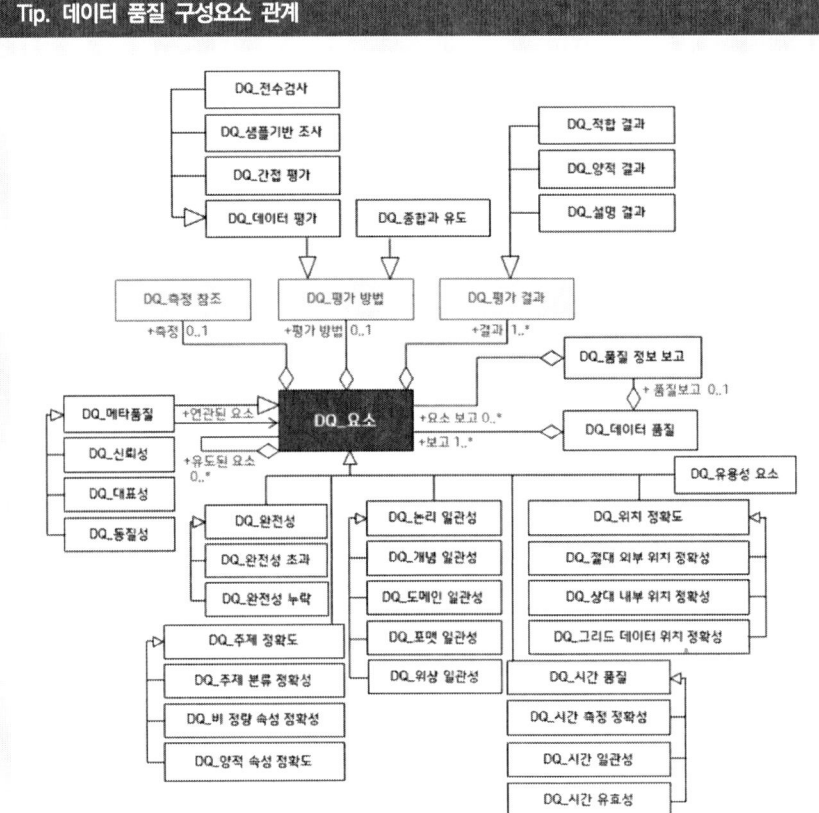

Tip. 데이터 품질 구성요소 관계

◀ 데이터 품질 구성요소

데이터 제품 사양이나 사용자 요구사항에 명시된 품질 요소를 적용하여 제품의 품질을 설명한다. 데이터 품질 요소는 완전성, 논리 일관성, 주제 정확성, 위치 정확성, 시간 품질, 유용성 요소이며, 각 요소별 구성요소에 의해 품질이 측정되고 결과로 품질이 설명된다. 다음 그림은 공간정보 데이터 품질 요소 및 구성요소 관계도를 나타내며, 품질 요소별 구성요소의 정의와 예시를 살펴보도록 한다.

Tip. 공간정보 데이터 품질 요소 및 구성요소

데이터 품질은 완전성, 논리 일관성, 위치 정확성, 주제 정확성, 시간 품질, 유용성 요소로 평가된다.

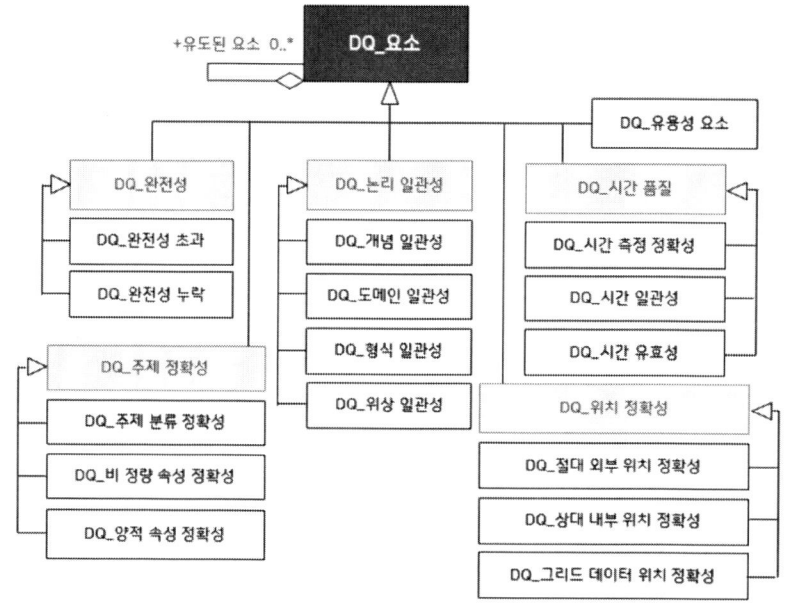

- 데이터 품질은 완전성, 논리 일관성, 위치 정확성, 주제 정확성, 시간 품질, 유용성 요소로 평가된다.

① 완전성(Completeness)

완전성은 지형지물 속성 및 관계에서 초과하거나 누락된 데이터의 정도를 말한다.

구성요소	정의	예시
초과	데이터셋에서 기준보다 지형지물이 많음	데이터셋은 5㎡보다 큰 건물만 포함해야 할 경우, 5㎡이하의 건물은 초과로 보고됨
누락	데이터셋에서 기준보다 지형지물이 적음	서울시 인구 데이터셋에 강남구의 인구수가 없는 경우, 인구 데이터셋은 누락으로 보고됨

완전성과 정확성 간 의존관계

- 지형지물 유형은 완전성과 주제 정확성/분류 정확성은 서로 연관되어 있음
- 지형지물 유형의 오분류는 완전성 평가 시에 초과와 누락으로 보고됨

② 논리 일관성(Logical Consistency)

논리 일관성은 데이터의 구조, 속성, 관계에 따라서 개념 일관성, 도메인 일관성, 포맷 일관성, 위상 일관성으로 나누어지며, 데이터의 논리적인 규칙을 준수하거나 일관된 정도를 말한다.

구성요소	정의	예시
개념 일관성	데이터의 개념 스키마 규칙 준수 여부 (도메인 일관성과 위상 일관성이 함께 고려될 수 있음)	서울 지역번호 '02'는 경기 지역번호 '031'에 포함될 수 없으며, 개념적 일관성 오류로 보고됨
도메인 일관성	도메인 영역에서 값의 준수 여부	Language 필드에는 'KOR'와 'ENG'가 포함되어야 함

Tip. 공간정보 데이터 품질 요소 및 구성요소(계속)

- 데이터의 위상 관계는 KS X ISO 19125-1의 9개의 교차 매트릭스 (DE-9IM) 기준으로 품질 측정한다.

포맷 일관성	데이터가 물리적 구조에 알맞게 저장되는 구조	데이터 제품 사양에서 'GML'포맷을 지정했으나 데이터셋 포맷이 'GML'이 아닌 경우 포맷 일관성 오류로 보고됨	
위상 일관성	러버시트 변환 때문에 변경되지 않는 항목과 데이터셋의 항목 간 기하관계를 말하며, 정의된 개념 스키마가 지형지물 위상 관계화 일치 여부	개념 스키마에 명확한 요건이 있는 경우, 불분명한 데이터의 위상 관계(언더슈트, 오버슈트, 겹침, 자체 겹침 등) 위상 일관성 오류로 보고됨	

개념 일관성 규칙 준수사항

- 모든 클래스 이름(지형지물 유형, 데이터 유형 등) 작성
- 모든 클래스에 대한 속성 이름 작성
- 모든 속성의 도메인 존재
- 클래스 간 관계 명시
- 다른 지형지물 유형에 대한 지형지물 유형 속성 간 관계 명시

도메인 일관성 규칙 예외 사항

- 지형지물 유형은 완전성과 주제 정확성/분류 정확성은 서로 연관되어 있음
- 지형지물 유형의 오분류는 완전성 평가 시에 초과와 누락으로 보고됨

③ 위치 정확성(Positional Accuracy)

위치 정확성은 지형지물의 위치가 실제 값과 얼마나 일치하는지 확인하며, 실제 값과 지형지물이 가까울수록 위치 정확성은 높아진다.

구성요소	정의	예시
절대 외부 정확도	지도상의 대상 위치가 허용 좌표계에 따라 지구의 정확한 위치와 일치하는 정도	GPS로 측정한 A지점(X´,Y´)와 실제 A지점의 위치(X,Y)에 가까울 때 절대 외부 정확성은 높아짐
상대 내부 정확도	데이터 포인트와 다른 데이터 포인트 근처의 위치 일관성을 측정한 값을 말하며, 지도에서 물체의 크기 조정된 거리를 지면에서 측정한 같은 거리와 비교하여 근접한 정도를 측정함	지형지물의 위치(X´,Y´)가 실제 위치(X,Y) 거리에 가까울 때 상대 내부 정확성은 높아짐
그리드 데이터 정확도	그리드 데이터에서 지형지물의 공간적 위치 값이 참값에 근접한 정도	첫 번째 그리드에 위치한 지형지물은 실제 거리와 차이가 작을수록 정확성은 높아짐

④ 주제 정확성(Thematic Accuracy)

속성을 셀 수 있는 양적 속성과 속성을 셀 수 없는 특성을 가진 비 양적 속성의 주제 정확성은 지형지물 간 관계 분류가 정확한 정도를 말한다.

구성요소	정의	예시
분류 정확성	논의 영역에서 지형지물 또는 속성에 할당된 클래스를 비교하여 정확하게 분류된 정도	실제 세계에서 나무의 개수는 10개, 건물은 5대가 있을 때, 논의의 영역에서 이와 비슷하게 나타나면 분류 정확성은 높아짐
양적 속성 정확도	양적 속성값이 참값에 정확한 정도	지형지물의 양적 속성(나무의 수, 건물 대수 등)이 실제 값과 가까울수록 정확성은 높아짐
비 정량 속성 정확성	양적으로 설명할 수 없는 비 양적 속성값이 정확한 정도	지형지물의 비 양적 속성(도로의 주소, 건물 번호 등)이 실제 값과 일치하면 정확성은 높아짐

Tip. 공간정보 데이터 품질 요소 및 구성요소(계속)

⑤ 시간 품질(Temporal Quality)
시간 품질은 지형지물의 시간 관계와 시간 속성의 품질로 정의한다.

구성요소	정의	예시
시간 측정의 정확성	정의된 규칙이 보고된 측정 시간이 참으로 알려진 값의 근접성	'START_DATE'(시작인) 필드 값에 미래 날짜를 포함하면 시간 측정의 정확성 오류로 보고됨
시간 일관성	정의된 규칙의 시간순서 정확성	지형지물 A, B를 '2017-10-13'과 '2017-10-14' 순차적으로 생성하는 규칙이 존재할 때, 지형지물 B는 A보다 시간을 앞설 경우에 시간 일관성 오류로 보고됨
시간 유효성	정의된 규칙의 시간과 관련된 데이터 유효성 여부	날짜 값은 ISO 8601 규칙에 따라 'YYYY-MM-DD' 형태인 '2017-10-13'이어야 유효함

⑥ 유용성 요소(Usability Element)
유용성 요소는 위의 5가지 요소로 품질을 설명할 수 없을 때, 사용자 요구사항에 기반을 두고 평가한다. 모든 품질 요소는 유용성을 평가하는 데 사용해도 되며, 평가할 때 세부사항을 품질 요소의 디스크립터를 활용하여 제공할 수 있다.

고유 식별자와 관련된 품질 요소

- 모든 고유 식별자는 이를 정의하는 규칙에 맞는 포맷이 있어야 함(포맷 일관성, 도메인 일관성)
- 사용된 모든 고유 식별자는 저장된 고유 식별자 목록에 따라 유효함(도메인 일관성)
- 같은 지형지물 인스턴스가 같은 고유 식별자를 이용하여 두 번 제시됨(완전성, 개념적 일관성)
- 같은 지형지물 인스턴스가 다른 고유한 식별자로 두 번 제시될 경우(완전성-초과)

◀ 데이터 품질 측정 목록

데이터에 적합한 품질 측정 목록을 선택하여 내용을 설명하며, 목록은 복수로 선택할 수 있다.

Tip. 데이터 품질 측정 목록

① 완전성

구성요소	하위 구성요소	번호	구성요소 측정 목록
초과		1	초과 항목
		2	초과 항목 수
		3	초과 항목의 비율
		4	중복 지형지물 인스턴스의 수
누락		5	누락 항목
		6	누락 항목의 수
		7	누락 항목의 비율

Tip. 데이터 품질 측정 목록(계속)

② 논리 일관성

구성요소	하위 구성요소	번호	구성요소 측정 목록
개념 일관성		8	개념 스키마 준수
		9	개념 스키마 비준수
		10	개념 스키마 규칙을 준수하지 않은 항목의 수
		11	유효하지 않은 중복 표면의 수
		12	개념 스키마 규칙 관련 준수 비율
		13	개념 스키마 규칙 관련 비준수 비율
도메인 일관성		14	도메인값 적합성
		15	도메인값 비 적합성
		16	도메인값에 적합하지 않은 항목의 수
		17	도메인값 적합 비율
		18	도메인값 비적합 비율
포맷 일관성		19	물리 구조의 충돌
		20	물리 구조의 충돌 수
		21	물리 구조의 충돌 비율
위상 일관성		22	불완전한 점-곡선의 연결 수
		23	불완전한 곡선 연결 비율
		24	언더슈트(undershoots)로 인하여 연결되지 않은 수
		25	오버슈트(ovwrshoots)로 인하여 연결되지 않은 수
		26	유효하지 않은 슬리버(sliver)의 수
		27	유효하지 않은 자체 교차(intersect) 오류의 수
		28	유효하지 않은 자체적 중보(overlap) 오류의 수

- 데이터의 위상 관계는 KS X ISO 19125-1의 9개의 교차 매트릭스 (DE-9IM) 기준으로 으로 품질 측정한다.

③ 위치 정확성

구성요소	하위 구성요소	번호	구성요소 측정 목록
절대 외부 정확성	불확실한 위치로 인한 일반 측정	29	불확실한 위치의 평균값
		30	편향된 위치
		31	이상치를 제외한 불확실한 위치의 평균값
		32	해당 임계값 이상의 불확실한 위치의 수
		33	해당 임계값 이상의 위치 오류 비율
		34	공분산 매트릭스
		35	선형 오류 가능성
		36	표준 선형 오류
	불확실한 수직 위치	37	90% 유의수준에서 선형 맵 정확성
		38	95% 유의수준에서 선형 맵 정확성
		39	99% 유의수준에서 선형 맵 정확성

사업수행 완료

Tip. 데이터 품질 측정 목록(계속)

		번호	구성요소 측정 목록
		40	거의 정확한 선형 수준
		41	평균 제곱근 오류(RMSE)
		42	편향된 수직 데이터의 90% 유의수준 절대 선형 오류(NATO)
		43	편향된 수직 데이터의 90% 유의수준 절대 선형 오류
		44	원형 표준편차
		45	원형 오류 가능성
		46	원형 맵 표준 정확도
		47	95% 유의수준에서의 원형 오류
	불확실한 수평 위치	48	거의 원형에 가까운 오류
		49	면적 측정의 평균 제곱근 오류
		50	편향된 데이터 90% 신뢰구간에서 절대 원형 오류(NATO)
		51	편향된 데이터의 90% 신뢰구간에서 절대 원형 오류
		52	불확실한 타원
		53	신뢰 타원
상대 또는 내부 정확성		54	상대적 수직 오차
		55	상대적 수평 오차
그리드 데이터 위치 정확성		56	수평 위치 불확실성과 같은 데이터 품질을 이용하여 측정

④ 시간 품질

구성요소	하위 구성요소	번호	구성요소 측정 목록
시간 측정의 정확성		57	68.3% 유의수준에서 시간 정확성
		58	50% 유의수준에서 시간 정확성
		59	90% 유의수준에서 시간 정확성
		60	95% 유의수준에서 시간 정확성
		61	99% 유의수준에서 시간 정확성
		62	99.8% 유의수준에서 시간 정확성
시간 일관성		63	연대기 순서
		64	도메인값 적합성
		65	도메인값 비적합성
시간 유효성		66	도메인값을 준수하지 않은 항목의 수
		67	도메인값의 적합성 비율
		68	도메인값의 부적합성 비율

Tip. 데이터 품질 측정 목록(계속)

⑤ 주제 정확성

구성요소	하위 구성요소	번호	구성요소 측정 목록
분류 정확성		69	잘못 분류된 지형지물의 수
		70	잘못 분류된 지형지물의 비율
		71	기타 매트릭스
		72	상대적으로 잘못 분류된 표
		73	카파(Kappa) 계수
양적 속성 정확성		74	68.3% 유의수준에서 속성값의 불확실성
		75	50% 유의수준에서 속성값의 불확실성
		76	90% 유의수준에서 속성값의 불확실성
		77	95% 유의수준에서 속성값의 불확실성
		78	99% 유의수준에서 속성값의 불확실성
		79	99.8% 유의수준에서 속성값의 불확실성
비 양적 속성 정확성		80	정확한 속성값의 비율
		81	부정확한 속성값의 수
		82	부정확한 속성값의 비율

⑥ 종합 측정

구성요소	하위 구성요소	번호	구성요소 측정 목록
		101	데이터 제품 사양 통과
		102	데이터 제품 사양 통과 건수
		103	데이터 제품 사양 실패 건수
		104	데이터 제품 사양 통과 비율
		105	데이터 제품 사양 실패 비율

사업수행 완료

◀ 데이터 품질평가 방법

데이터 품질을 평가하는 방법은 크게 직접평가와 간접평가로 나누어진다. 데이터의 특성에 따라 두 가지 평가 방법으로 평가를 수행할 수 없는 경우, 기존 평가 결과를 바탕으로 종합과 유도 방법을 사용하여 평가 결과를 도출할 수 있다.

> **Tip. 데이터 품질 평가 방법**
>
> ① **직접 평가 방법**
> - 데이터셋 내에서 항목 검사를 바탕으로 데이터의 품질을 평가하는 방법
> - 직접 평가는 내부 평가와 외부 평가로 나누어짐
> - 평가 방법으로 전수검사(Full inspection)와 표본추출(Sampling) 중 하나를 선택하여 평가함
>
> | | |
> |---|---|
> | 보기 1 | 폐합된 경계(boundary closure)의 위상 일관성에 대한 논리 일관성 검사에 필요한 모든 데이터는 위상으로 구축된 데이터셋 안에 내재한다. 외부 직접 품질 평가는 검사되는 데이터셋 외부의 참조 데이터를 필요로 한다. |
> | 보기 2 | 데이터셋에서 도로명에 대한 완전성 검사를 받아야 할 데이터는 외부로부터 도로명에 대한 정보가 필요하다. |
> | 보기 3 | 위치 정확성 검사는 참조 데이터셋 도는 새로운 현장 조사를 필요로 한다. |
>
> ② **간접 평가 방법**
> - 외부 지식이나 데이터 제품 경험 기반의 데이터 품질을 평가하는 방법
> - 외부 지식은 하나 이상의 비 정량 품질정보, 연혁 및 목적, 데이터 생성 시 사용된 데이터, 데이터셋의 다른 데이터 품질 보고서가 포함될 수 있음
> ※ 이 방법은 직접 평가 방법을 사용할 수 없을 때 권장한다.
>
> ③ **종합과 유도**
> - 새로운 데이터 품질 평가를 수행하지 않고 기존의 결과를 종합하거나 유도하여 추가적인 결과를 생성할 수 있음
> - 종합은 다른 데이터 품질 요소나 범위를 기초로 데이터의 품질 평가를 통해 나온 품질 결과를 통합함
> ※ 직·간접 평가를 수행할 수 없는 경우, 종합과 유도 평가를 사용한다.

- 데이터 품질 평가는 ①직접 평가 방법, ②간접 평가 방법, ③ 종합과 유도의 세 가지 방법이 있다.

공간정보표준 활용 가이드

◀ 데이터 품질평가 결과 정보 보고

데이터 품질 요소에 최소한 하나의 데이터 품질 결과를 제공해야 한다. 품질정보는 메타데이터와 품질 보고서로 보고된다.

- 품질정보는 메타데이터와 품질 보고서로 보고된다.

Tip. 데이터 품질 평가 결과 정보 보고

구성요소	구성요소 측정 목록
메타데이터	양적 품질 결과는 KS X ISO 19115의 규정에 따라 관련된 모형 및 데이터 사전을 포함하는, 메타데이터로 보고되어야 한다. 또한, 상호운용성과 웹 서비스 사용이 가능하도록 종합된 정보를 일반적 구조에 알맞게 간략한 설명을 제공한다.
품질 보고서	데이터 품질 평가에 대해 완전한 정보를 제공하기 위해 품질 보고서를 사용한다. 품질 보고서는 데이터셋이나 제품에 첨부하여 제공한다. - 표준화된 용어의 사용 - 기본적인 데이터 품질정보 구조 - 데이터 품질 결과 내용 관련 충분한 자료 및 정보 - 지정된 서식 없이 자유로운 형식으로 작성 가능
데이터 품질 종합 결과 보고	여러 개의 품질 결과가 데이터셋 품질 보고를 위하여 하나의 품질 결과로 종합되었을 때, 데이터 품질 종합 결과가 메타데이터로 작성되어야 하고 데이터 품질 보고서에 포함되어야 한다. 데이터 결과는 '종합'유형으로 보고되어야 한다.

◀ 메타품질

메타품질은 평가된 데이터 품질을 정성적으로 설명한 것을 의미하며 메타품질 요소를 통해 메타품질을 설명할 수 있다.

Tip. 데이터 품질 평가 결과 정보 보고

① 메타품질 구성요소

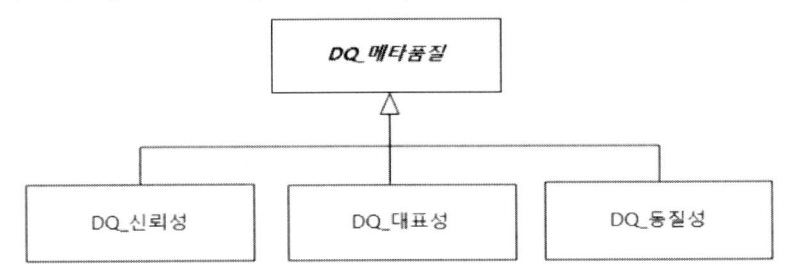

② 메타품질 요소 정의

품질 요소	설명
신뢰성	데이터 품질 결과를 신뢰할 수 있는 정도를 설명함
대표성	데이터 품질 평가에서 적용된 샘플링이 데이터 결과를 나타내는 정도를 설명함
동질성	데이터 품질 평가 결과에 대해 예상되는 균질성

사업수행 완료

사례10. 데이터 품질 (KS X ISO 19157) 표준을 적용한 자료 검수하기

- 데이터 품질 평가 상세 사례는 공간정보 품질표준 해설서의 '데이터 품질 평가 수행하기' 참고

[도형자료] 품질 측정 : 완전성 - 누락 (예시)

1) 이름	UPIS_C_UQ112	
2) 별칭	관리지역	
3) 요소 이름	누락	
4) 기본 측정	오류 지시기(indicator)	
5) 정의	데이터에서 특정한 항목이 빠졌다는 것을 나타냄	
6) 설명	-	
7) 파라미터	-	
8) 값 유형	가부 판정값(참은 항목이 빠져 있다는 것을 나타낸다.)	
9) 값 구조	-	
10) 참조 정보	-	
11) 보기		이 데이터는 항목 중 폐합되지 않은 데이터가 존재함
12) 식별자	2	

[도형자료] 지형지물 클래스에 의한 완전성 (예시)

지형지물 클래스	논의 영역에서 인스턴스 수	초과 수	초과 비율	누락 수	누락비율
관리지역	25	0	0	5	20

[도형자료] 메타데이터 누락 보고서 작성 (예시)

XML 요소	예	설명
DQ_DataQuality		
범위: MD_Scope		
수준:MD_ScopeCode	데이터세트	데이터 품질 단위의 범위
standaloneQualityReport: DQ_standalone-QualityReportinformation		
reportReference: CI_Citation		
제목: Characterstring		
날짜: CI_Date		
날짜: Date	2019-00-00	
...		

공간정보표준 활용 가이드

2) 사후검토

✔ 사후검토

공간정보사업 완료 후 표준 적용계획에 따라 표준을 올바로 준수하였는지 검토하는 단계로 국토교통부가 표준 적용의 활성화를 위하여 표준지원기관으로 지정한 한국국토정보공사(이하 'LX'라 한다.)가 사후검토를 진행한다.

- 사전검토/사후검토 소개에서 배경, 향후 계획 등 상세내용과 절차 확인

Tip. 사후검토 절차

※ 본 가이드에서 소개하는 사후검토 절차는 변경될 수 있으므로, 사후검토 신청 시점의 사전검토, 사후검토 절차를 확인하시기 바랍니다.

절차	설명
1) 발주처 표준 적합성 사후검토 요청	- 공문으로 요청 - 관련 자료 붙임
2) 사후검토 신청서 검토 및 상담	- 기본 절차, 소요시간, 결과물 등에 대한 사항을 신청인에게 설명 - 표준 적용 검토를 위한 결과물 접수 여부 확인(결과물 미비시 재요청)
3) 검토계획 수립	- 검토수행을 위한 세부계획 수립
4) 내부 검토 진행	- 표준관리부 내부 검토 - 표준별로 결과물을 확인하여 표준 적용 여부 검토
5) 외부 전문가 검토 진행	- 검토할 외부 전문가 기술위원 및 전문위원 대상으로 선정 - 검토해야 할 표준을 고려하여 관련 전문가 선정 - 검토 날짜 및 장소 결정
6) 외부 전문가 검토회의 참석	- 전문가들은 '표준적용의 적정여부(별지 제3호 서식)'와 '외부검토위원 의견서'를 LX 담당자에게 송부
7) 검토회의 결과보고	- '표준적용의 적정여부', '외부검토위원 의견서', '회의록'을 정리하여 내부결재
8) 검토결과서 요청기관 송부	- 전문가 의견을 반영하여 '표준적용의 적정여부' 작성 - '표준적용의 적정여부'를 송부하기 위한 내부결재 진행 후 요청기관에 송부

3) 데이터 유지관리(서비스)

✔ 데이터 유지관리 및 서비스

UPIS DB구축이 완료되면 단위시스템을 통해 운영되며 상·하위 시스템 산의 수직적 자료교환 체계를 통해 자료의 교환 및 동기화를 지원한다. UPIS DB구축은 발주처마다 차이는 있지만, 일정 주기마다 DB갱신이 이루어진다. 또 수직적 자료교환체계를 통해 상위시스템에 DB가 송신되고 이 시스템을 통해 전국단위 UPIS 서비스가 진행된다.

◀ 생산 및 갱신 품질보증

고객이 만족할 수 있는 데이터 유지관리 또는 서비스를 위해서는 지리정보와 관련된 품질보증에 대한 프레임워크를 적용하여 내부 공급자 및 외부 공급자가 요구되는 품질의 지리정보를 납품할 수 있도록 해야 한다. KS X ISO/TS 19158 지리정보- 데이터 제공의 품질보증에서 제시하는 프레임워크를 통해 고객과 공급자 모두 생산/과정에서 신속하게 요구되는 품질에 대해 고려할 수 있게 된다.

- 품질보증은 요구사항이 충족될 것이라는 신뢰를 제공하는 데 중점을 둔 품질관리의 일부이다.

Tip. 생산 및 갱신에서의 품질평가 및 품질보증

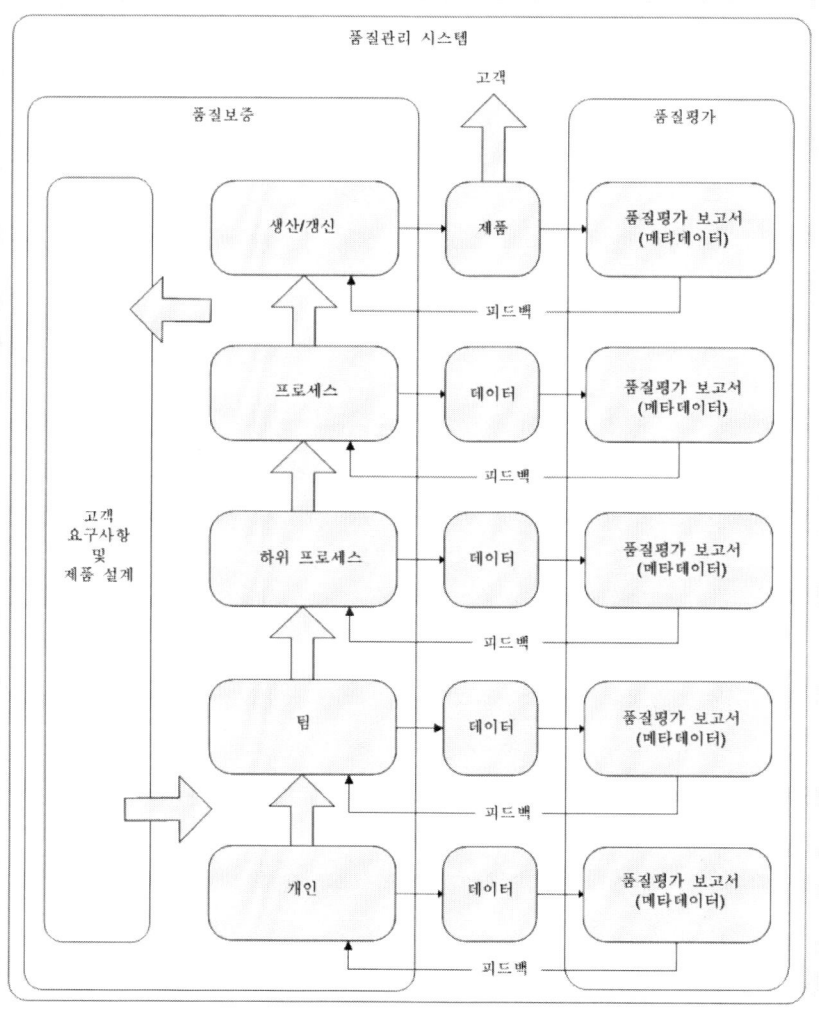

- 대부분의 경우, 품질보증은 제품의 정의와 설계로부터 시작된다. 특히 KS X ISO 19131에서 지리정보와 관련하여 명확히 다루고 있다.

- KS X ISO 19157은 데이터 품질 요소를 다양한 방법과 여러 데이터 세트 수명 주기의 단계에서 평가할 수 있다는 것을 명시하고 있다.

상기 품질관리 시스템 그림은 중간 산출물을 취합하는 상호 연관된 여러 프로세스의 완성을 통해 제품이 생산된다는 것을 나타낸 것이다. 각 개인, 팀, 하위 프로세스 또는 프로세스가 하나의 데이터 세트를 생산하는 것으로 파악할 수 있음을 나타낸다.

◀ 품질보증 프레임워크

품질보증 프레임워크는 생산 및/또는 갱신 환경 내의 생산 시점에서 품질을 보증할 수 있는 기회를 제공한다.

> **Tip. 품질보증 프레임워크**
>
> ① 품질보증 프레임워크의 품질
>
> - KS X ISO 19157에 정의된 데이터 품질
> - 납품 물량
> - 납품 일정
> - 생산 및/또는 갱신비용
>
> ② 품질보증 단계
>
> 품질보증의 단계는 기본, 운영, 전체 품질보증의 3가지이다. 각 단계가 늘어날수록 품질보증의 기회가 더 많아져 제품의 품질에 대한 위험을 경감시킬 수 있다. 기본 품질보증은 고객에게 공급자의 의도만을 보장해 줄 수 있는 반면에, 운영 품질 보증은 공급자의 운영 환경에서의 기능을 보장해 준다.
>
> ✓ 공급자의 데이터 생산 또는 갱신 프로세스에서 적용 가능한 보증 수준이 확보된 것으로 간주한다.
> ✓ 목표는 생산 과정의 수명 주기 동안 보증을 유지하는 것이다.
> ✓ 품질평가 절차는 공급자의 역량을 개발하고 개선할 수 있도록 설계되어야 한다.
>
> ③ 품질평가 절차
> 품질평가는 기본 → 운영 → 전체 단계로 품질평가가 진행된다.
>
> - **기본 품질평가** : 공급자가 제품 품에 대한 전반적인 요구사항을 충족시킬 수 있다는 것을 고객에게 보증하는 것
> - **운영 품질평가** : 하위 프로세스와 그 안에서 운영하는 개인이 다른 프로세스 및 하위 프로세스를 지원하는 데 요구되는 품질을 제공한다는 것을 고객에게 보증하는 것. 하위 프로세스와 개인 및 팀 품질평가는 운영 품질 평가의 부분집합이다.
> - **전체 품질평가** : 생산 또는 갱신 과정의 모든 하위 프로세스에 대하여 운영 수준에서 적절한 수준의 보증이 일정 기간 유지되고, 공급자와 고객이 합의하였을 때 전체 품질평가가 달성된다고 간주한다.
>
> ③ 요구되는 품질보증 수준 달성 실패
>
> 공급자의 중대한 실패로 인해 요구되는 품질보증 수준을 달성하지 못할 수도 있다.
> 요구되는 수준의 품질보증에 영향을 줄 수 있는 전형적인 사례는 다음과 같다.
>
> - 프로세스 또는 하위 프로세스에 대한 제어에 중대한 문제가 있는 경우
> - 합의된 시간 내에 보고된 실패에 대한 조치가 제대로 취해지지 않는 경우
> - 유사한 유형의 실패가 반복되는 경우
>
> 사례) 공급사가 운영단계의 품질보증을 달성하지 못한 경우
>   - 기본단계의 품질보증 수준을 달성하기 위한 평가 절차 중에 수집된 정보에 문제가 있다는 것을 의미할 수도 있음
>   - 모든 경우에 있어서, 고객은 계약 조건에 따라 적절한 절차에 대해 공급자와 합의를 해야 한다.
> 비고) 공급자가 고객의 외부에 있는 경우, 제공되는 지원 방식 및 중대한 실패에 따른 제재 조치는 계약 조건에 명문화되어야 한다.

- 하위 프로세스와 개인 및 팀 품질평가는 운영 품질평가의 부분집합이다.

- 특정 단계의 품질보증 수준을 달성하지 못한 경우, '이전에 달성한 수준이 원래대로 되돌아감'을 의미하는 것은 아니다.

사업수행 완료

사례11. OO시 UPIS DB구축 품질보증 및 적절한 수준의 품질보증 단계

OO시 UPIS DB구축 사업수행 관리자는 DB구축 작업이 시작되기 전에 생산 요구사항을 관리한다.

① DB구축 요구사항 관리

단계	활동
요구사항 확인	- 관리자가 예산 및 소요시간을 확인
설계 및 프로세스 세팅	- 품질보증 내용을 포함한 사업수행계획서 작성 　주요 내용 : 품질평가 대상, 범위, 방법을 포함하여 작성 - 품질 보증을 위한 UPIS구축 방법 교육 　교육내용 : 매뉴얼 기반 구축방법, GIS소프트웨어 사용법 등
주요 성과 지표 및 AQL 합의	- 데이터 AQL : 데이터 제품 사양서의 데이터 품질 기준에 명시 　* 전체 품질 보증은 완료단계에 감리실시를 통하여 품질평가를 대체한다. - 작업자별 품질보증의 근거로 제시될 QC 데이터 품질 결과 준비

- 품질 평가 및 결과는 KS X ISO 19157 데이터 품질을 준수한다.
- AQL(Acceptance Quality Limit) : 합격품질한계, 합격품질수준
- QC(Quality Control) : 품질관리

② DB구축 인력 관리

단계	활동
일정 및 작업 할당	- 작업 일정을 정하고, 작업자별 배분된 업무에 대하여 소요시간 내의 납품을 보장한다.
기본 품질보증 수준	- 보고회(착수/중간/완료) 　주요내용 : 데이터 제품 사양, 데이터 AQL, 납품 일정, 데이터 품질을 위한 평가 프로세스 준비에 관한 내용 포함

③ DB구축 작업 완료

기본 수준의 품질보증을 달성하면 DB구축을 시작할 수 있다.

단계	활동
DB구축 시작	- DB구축 진행 상황 모니터링
QC 프로세스	- DB구축 매뉴얼, 코드 등 버전관리 및 작업자별 배포 등 품질을 보장하는 프로세스에 포함된 QC
첫 번째 납품	- 데이터 수신
데이터 QA	- 구축 단계별 품질보증을 위한 샘플링 또는 전수 품질 평가
이슈관리 및 피드백	- AQL 달성 실패 시 시정조치 및 프로세스 개선을 위한 피드백 등 관리
품질 요구사항 충족	- 합의된 AQL, 수량 및 일정에 대한 역량 확인
운영 품질보증 수준	- 품질평가 보고서 취합, 감독기관에 제출 및 평가
전체 품질보증 수준	- 품질평가 보고서 취합, 감독기관에 제출 및 평가 - 감리실시 및 조치내용 확인 반영 및 조치결과 통보

④ DB구축 작업 개선

DB구축이 시작되면 관리자는 DB구축 작업 개선 단계를 반복적으로 수행한다.

단계	활동
DB구축 품질 검토	- 모니터링, 피드백 보고서를 사용하여 데이터 품질 등을 검토
DB구축 프로세스 개선 추진	- 데이터 품질 등에 대한 영향 평가를 포함한 변경사항 합의 및 통지

공간정보표준 활용 가이드

> 사례12. OO시 UPIS DB구축 품질평가 절차

OO시 UPIS DB구축 품질평가는 다음과 같은 절차와 방법으로 수행한다.

① 품질 평가 절차

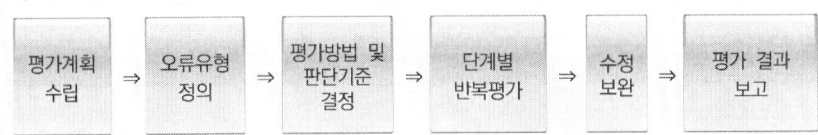

평가계획 수립 ⇒ 오류유형 정의 ⇒ 평가방법 및 판단기준 결정 ⇒ 단계별 반복평가 ⇒ 수정 보완 ⇒ 평가 결과 보고

- 데이터의 위상 관계는 KS X ISO 19125-1의 9개의 교차 매트릭스 (DE-9IM) 기준으로 품질 측정한다.

② 품질 평가 방법

육안평가	화면평가	평가프로그램
• 원본자료 및 결과물에 대한 1:1 평가 • 출력물 대조 평가	• GIS툴을 이용한 데이터 위상관계 정확도 평가	• 논리적 오류, 시스템적 오류 평가 • 평가 결과 정리 및 레포팅

평가 구분	평가 내용
1차 평가	• 오기 및 자료 중복 • 원 조서대장과의 비교 검토 및 누락 • 조서와 고시자료 연계 적절성 • 원 도면자료와 벡터도형의 정확성
2차 평가	• 코드 변환의 정확성 • 조서자료의 Primary-Key 코드 중복 • 원 조서자료와 구축자료간의 누락 • 1차 평가 조치사항 적절성

③ 품질 평가 측정

데이터세트	품질요소	시험 설명	건수
고시문	완전성(초과)	동일 고시항목 중복구축	1
	완전성(누락)	구축대상 조사항목 대비 구축항목 누락	5
	주제 정확성(분류 정확성)	기관코드로 정의 안 된 기관명 사용	2
	시간 품질(시간 유효성)	고시일자 형태 'YYYY-MM-DD' 미준수	5
용도지역	논리 일관성(위상 일관성)	도형 폐합 오류	2
	논리 일관성(위상 일관성)	도형 중복 오류	3
	논리 일관성(도메인 일관성)	용도지역코드 속성값에 지목코드 부여	3
	주제 정확성(분류 정확성)	OO시는 용도지역 중 관리지역이 없으나, 관리지역 코드가 부여된 도형 존재	4
	위치정확성(절대 정확도)	제품 사양의 지리 범위를 벗어나는 좌표부여	1
연계	완전성(누락)	고시문과 용도지역의 연계 누락	6
	논리 일관성(포맷 일관성)	KRAS 연속지적도 인증키 미발급으로 API 연계 오류	1

부록. 공간정보표준 적합성 검토 단계

사전검토/사후검토 소개

사전검토 / 사후검토 소개

공간정보표준 적합성 검토	
사전검토	사후검토

공간정보표준 적합성 검토는 「국가공간정보 기본법」 및 관계 법령에 따라 국가 공간정보사업의 표준 적용을 위해 운영하고 있는 제도이다. 이 단계에서는 공간정보사업의 표준 적용 적합성 검토 제도의 대상, 검토시기, 관련 법, 목적, 추진 현황, 향후 계획을 소개한다.

■ 대상

- **사전검토/사후검토** : 사업발주자, 사업수행자

■ 검토시기

- **사전검토** : 공간정보사업 수행 이전
- **사후검토** : 공간정보사업 수행 완료 이후

■ 관련 법

- **표준 준수 명시** : 「국가공간정보기본법」 제23조 및 「국가공간정보기본법 시행령」 제19조2항
- **사전검토 및 집행실적평가 관련 규정** : 「공간정보사업 관리규정」 (국토교통부훈령 제677호)
- **공공데이터 품질관리 수준평가제도** : 「공공데이터법」 제17조, 제22조, 제23조

■ 목적

- 공간정보 생산기관의 표준 준수를 통해 데이터 공유체계 마련 및 품질 향상
- 사전검토 및 사후검토의 평가항목 중 표준 적용의 실질적 운영 도모
- 공간정보 공유체계 마련을 위한 국가의 적극적인 표준 준수 감독 시행

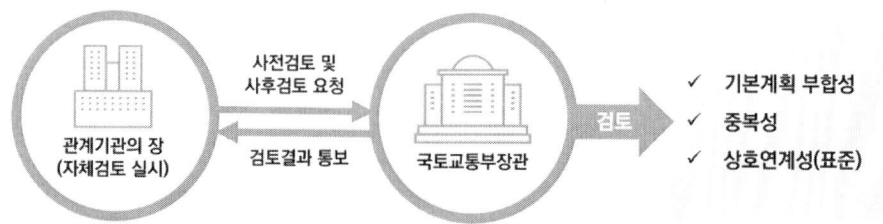

■ 추진 현황

- 국토교통부는 표준 적용의 활성화를 위해 '한국국토정보공사'를 표준지원기관으로 지정하여 운영하고 있음
- 표준지원기관은 표준 적용에 대한 사전검토 및 사후검토, 표준교육 및 홍보, 표준 활성화 컨설팅 등의 표준 업무를 지원하고 있음
- '18년부터 서울시에서 추진하는 공간정보사업의 표준 적용 활성화를 위하여 발주 예정인 사업을 대상으로 표준 사전검토 진행 중임

검토 단계	상세
사전검토	공간정보사업 발주 전 데이터의 상호연계성 확보를 위해 준수해야 할 표준에 대한 적용계획 검토
사후검토	공간정보사업 완료 후 표준 적용계획에 따라, 올바로 준수하였는지 평가

■ 향후 계획

- 표준 활용 지원 및 적합성 평가를 확대해 나갈 수 있도록 전국 광역시·도로 표준 환경 조성을 위한 협력체계 구축

대상	역할 상세
적용사업	공간정보를 기반으로 한 신규 사업 DB 구축사업
국토교통부	공간정보표준 사전검토/사후검토 운영 관리 감독
관계기관장	표준지원기관에 사업발주 전 적용계획검토서와 함께 사전검토를 요청하고, 사업완료 후 결과보고서와 함께 사후검토 요청
표준지원기관	공간정보사업 발주 시 표준 적용 계획의 적정성 및 사업 완료 후 표준 적용결과의 적정성 검토

사전검토 / 사후검토 소개

1. 사전검토

사전검토 단계는 국가 공간정보사업의 표준 적용을 위해 운영하고 있는 '공간정보표준 적합성 검토' 단계이며, 사업발주 이전부터 과업지시서와 제안요청서에 표준적용계획서 작성부터 전문가 검토회의를 통해 결과서를 요청기관에 송부하는 과정까지를 말한다.

■ 검토시기

- 공간정보사업 수행 이전

■ 검토과정

	검토 단계	상세
1	발주처 표준 적합성 사전검토 요청	① '과업지시서' 및 '제안요청서'를 붙여서 공문으로 요청한다.
2	내부 검토 진행	② LX 표준관리부 내부 검토를 진행하여 〈[별지 2] 표준적용계획 검토 결과서〉를 작성한다.
3	외부 전문가 검토 진행	③ 검토할 외부 전문가를 선정하여 진행한다. (외부 전문가는 보통 3인을 기준으로 기술위원 및 전문위원으로 구성된다.) ④ 검토 날짜와 장소를 결정한다. ⑤ 전문가에게 '제안요청서(과업지시서)', '표준적용계획 검토 결과서', '외부검토위원 의견서'를 메일로 송부한다. (제안요청서에 발주처를 확인할 수 있는 단어는 모두 삭제하고, 외부 전문가는 검토회의 참석 전에 모든 검토 및 의견서 작성을 마치고 검토회의에 참석해야 한다.)
4	외부 전문가 회의 개최	⑥ 외부 전문가 회의를 개최한다.
5	외부 전문가 검토회의 참석	⑦ 검토회의에서 전문가들이 돌아가면서 자신의 검토의견을 발표하고, 다른 전문가들은 경청 후 질의응답을 한다. (검토회의에서 별도의 검토시간을 갖지 않는다.) ⑧ 회의가 끝나고 나서 전문가들은 '표준적용계획 검토 결과서와 외부검토위원 의견서'를 LX 담당자에게 송부한다.
6	검토회의 결과보고	⑨ '표준적용계획 검토 결과서', '외부검토위원 의견서', '회의록'을 정리하여 내부결재한다.
7	검토결과서 요청기관 송부	⑩ 전문가 의견을 반영하여 '표준 적합성 사전검토 결과서'를 작성한다. ⑪ '표준 적합성 사전검토 결과서'를 송부하기 위한 내부결재 진행 후 요청기관에 송부한다.

■ 관련서류

- 표준 적합성 사전검토 결과서 (표준적용계획 검토 결과서, 외부검토위원 의견서 포함)

■ 기타사항

- 검토과정에 따라 약간의 변동이 발생할 수 있으며, 자세한 문의는 LX 표준관리부로 연락바랍니다.

2. 사후검토

사후검토 단계는 국가 공간정보사업의 표준 적용을 위해 운영하고 있는 '공간정보표준 적합성 검토' 단계이며, 사업완료 이후에 사업에 적용된 표준이 적절한지 여부를 검토하기 위해 사후검토 신청서 작성부터 전문가 검토 회의를 통해 검토결과서를 요청기관에 송부하는 과정까지를 말한다.

■ 검토시기

- 공간정보사업 수행 완료 이후

■ 검토과정

	검토 단계	상세
1	발주처 표준 적합성 사후검토 요청	① 관련 자료를 붙여서 공문으로 요청한다.
2	사후검토 신청서 검토 및 상담	② 기본 절차, 소요 시간, 결과물 등에 대한 사항을 신청인에게 설명한다. ③ 표준 적용 검토를 위한 결과물이 모두 접수되었는지 확인한다. 　(결과물 미비시 신청인에게 다시 요청한다.)
3	검토계획 수립	④ 검토수행을 위한 세부계획을 수립한다.
4	내부 검토 진행	⑤ LX 표준관리부 내부 검토를 진행하며, 이 때 표준별로 결과물을 확인하고 표준 적용 여부를 검토한다.
5	외부 전문가 검토 진행	⑥ 기술위원 및 전문위원을 대상으로 외부 전문가를 선정하고, 검토해야할 표준을 고려하여 표준별 관련 전문가가 선정되어야 한다. ⑦ 검토 날짜 및 장소 결정
6	외부 전문가 검토회의 참석	⑧ 전문가들은 '표준적용의 적정여부(별지 제3호 서식)'와 '외부검토위원 의견서'를 LX 담당자에게 송부한다.
7	검토회의 결과보고	⑨ '표준적용의 적정여부', '외부검토위원 의견서', '회의록'을 정리하여 내부결재한다.
8	검토결과서 요청기관 송부	⑩ 전문가 의견을 반영하여 '표준적용의 적정여부'를 작성한다. ⑪ '표준적용의 적정여부'를 내부결재 진행 후 요청기관에 송부한다.

■ 관련서류

- 표준적용의 적정여부 (외부검토위원 의견서 포함)

■ 기타사항

- 검토과정에 따라 약간의 변동이 발생할 수 있으며, 자세한 문의는 LX 표준관리부로 연락바랍니다.

◉ 공간정보표준 활용 가이드 작성

부록 1. 공간정보표준 용어모음집

공간정보표준 용어모음

용어명	용어 정의	관련표준
응용(application)	사용자 요구사항의 지원을 위한 데이터 조작과 처리	KS X ISO 19101-1
응용 스키마 (application schema)	하나 이상의 응용에서 요구되는 데이터의 개념적 스키마	KS X ISO 19101-1
기반표준(base standard)	하나의 프로파일을 구성하는 데 활용될 수 있는 KS(ISO) 지리정보 표준 또는 이외의 정보 기술 표준	KS X ISO 19101-1
개념적 형식 (conceptual formalism)	개념적 모델을 기술하기 위해 사용된 모델링 개념의 집합 **비고** UML메타 모델, EXPRESS 메타모델	KS X ISO 19101-1
개념적 모델 (conceptual model)	논의의 영역의 개념을 정의한 모델	KS X ISO 19101-1
개념적 스키마 (conceptual schema)	개념적 모델의 정형화된 기술	KS X ISO 19101-1
개념적 스키마 언어 (conceptual schema language)	개념적 스키마의 표현을 위해 개념적 형식에 근거한 형식 언어 **비고** UML, EXPRESS, IDEF1X	KS X ISO 19101-1
커버리지(coverage)	시공간 영역(공간, 시간, 시공간) 내에서 함수처럼 그 범위 내의 특정 직접 위치에 대한 값을 반환하는 지형지물 **비고** 래스터 이미지, 다각형 중첩, DEM(Digital Elevation Matrix)	KS X ISO 19101-1
데이터 세트(dataset)	식별 가능한 데이터의 모음	KS X ISO 19101-1
전자정부(e-government)	정부·시민, 정부·기업체, 정부기관 간의 디지털 상호작용	KS X ISO 19101-1
지형지물(feature)	실세계 현상의 추상화	KS X ISO 19101-1
지형지물 속성 (feature attribute)	지형지물의 특징 **비고** "색상"이란 명칭을 가진 지형지물 속성은 그 속성값으로 "녹색"을 가질 수 있으며, 데이터 유형은 "문자"이다. **비고** "길이"란 명칭을 가진 지형지물 속성은 그 속성값으로 "82.4"를 가질 수 있으며, 데이터 유형은 "실수"이다.	KS X ISO 19101-1
지형지물 목록 (feature catalogue)	지형지물 유형, 지형지물 속성 및 여러 지리 데이터 세트 간의 지형지물 연관, 적용 가능한 지형지물 연산에 대한 정의와 설명을 담은 목록	KS X ISO 19101-1
지형지물 인스턴스 (feature instance)	특정 지형지물 속성값을 가진 개별 지형지물 유형	KS X ISO 19101-1
지형지물 연산 (feature operation)	지형지물 유형에 해당하는 모든 인스턴스에서 실행 가능한 연산 **비고** "댐"에 대한 지형지물 연산은 댐을 높이는 것이다. 이 연산 결과 "댐"의 높이와 "저수지"의 수위가 올라간다.	KS X ISO 19101-1
지형지물 유형(feature type)	공통 특성을 가진 지형지물 클래스	KS X ISO 19101-1
사실상 표준 (functional standard)	국제적 데이터 생산자나 데이터 사용자 커뮤니티가 현재 사용하고 있는 지리정보 표준 **비고** GDF, S-57, DIGEST	KS X ISO 19101-1
지리정보 (geographic information)	지구상의 위치와 직접적 또는 간접적으로 관련된 현상에 대한 정보	KS X ISO 19101-1

용어명	용어 정의	관련표준
지리정보 서비스 (geographic information system)	지구상의 위치와 관련된 현상 정보를 다루는 정보시스템	KS X ISO 19101-1
그래픽 언어 (graphical language)	그래픽 기호의 용어를 이용하여 문법을 표현하는 언어	KS X ISO 19101-1
그리드(grid)	알고리즘적으로 각 집합의 원소가 다른 집합의 원소와 교차하는 둘 이상의 곡선 집합으로 구성된 네트워크	KS X ISO 19101-1
정보 시스템 (information system)	인간, 기술, 금융, 자원과 같은 연관된 조직 자원과 함께 정보를 제공 및 배포하는 정보처리시스템	KS X ISO 19101-1
어휘 언어(lexical language)	문자열로 정의된 기호를 통해 표현되는 문법을 가지는 언어	KS X ISO 19101-1
모듈(module)	프로파일 구성에 사용 가능한 기저 표준의 사전 정의된 요소 집합	KS X ISO 19101-1
온톨로지(ontology)	진의를 구체화하고 현상과 상호관계를 묘사하는 정의 및 경구를 포함한 근본적 용어로써, 논의의 영역 공간 현상의 정형적 표현	KS X ISO 19101-1
프로파일(profile)	한 개 이상의 기반 표준 또는 특정 함수를 완성시키는 데 필수적인 기반 표준의 선택된 절, 클래스, 선택 조건 및 매개변수의 식별을 포함하는 기반 표준에 대한 하위집합의 모음	KS X ISO 19101-1
품질(quality)	요구사항에 대한 만족도를 나타내는 제품의 종합적인 특징 **비고1** 용어 "품질"은 불량, 양호 또는 우수함 등의 형용사와 함께 사용할 수 있다. **비고2** "고유한"은 "할당됨"과는 반대로, 특히 영구적인 특성으로서 무언가에 존재하는 것을 의미한다.	KS X ISO 19101-1
품질 스키마 (quality schema)	지리 데이터의 품질 측면을 정의하는 개념적 스키마	KS X ISO 19101-1
래스터(raster)	음극선관에 표시를 형성 하거나 또는 그에 대응하는 평행 스캐닝 선의 일반적인 직사각형의 패턴	KS X ISO 19101-1
참조모델(reference model)	특정 환경의 객체 간 중요한 관계를 이해하고, 상기 환경을 지원하는 지속적 표준 또는 상세사항을 개발하는 프레임워크	KS X ISO 19101-1
등록물(register)	연관 항목의 설명과 함께 항목에 부여된 식별자를 포함하는 파일의 집합	KS X ISO 19101-1
등록소(registry)	등록물을 유지, 관리하는 정보시스템	KS X ISO 19101-1
스키마(schema)	모델의 형식적 기술	KS X ISO 19101-1
시맨틱 웹(semantic web)	의미가 부여된 데이터의 웹	KS X ISO 19101-1
서비스(service)	개체의 인터페이스를 통해 제공되는 기능성의 개별 부분	KS X ISO 19101-1
공간 분할(tessellation)	분할되는 공간과 같은 차원을 가지는 인접한 부분 공간의 집합으로의 공간분할	KS X ISO 19101-1
논의의 영역 (universe of discourse)	모든 관심 있는 것을 포함하는 실세계나 가상 세계에 대한 견해	KS X ISO 19101-1
벡터(vector)	크기와 방향을 가지는 양	KS X ISO 19101-1
월드 와이드 웹, 웹 (world wide web, web)	네트워크를 통해 접속 가능한 정보 및 서비스	KS X ISO 19101-1
웹 서비스(web service)	웹을 통해 실행 가능해진 서비스	KS X ISO 19101-1

용어명	용어 정의	관련표준
집합연관(aggregation)	〈UML〉 집합(전체)과 구성요소 부분 사이의 전체-부분 관계를 규정하는 연관의 특별한 형태 비고 〈UML〉 합성 참조	KS X ISO/TS 19103
응용(application)	사용자 요구사항에 맞춘 데이터의 조작 및 처리	KS X ISO/TS 19103
응용 스키마 (application schema)	하나 또는 그 이상의 응용에 의해 요구되는 데이터의 개념적 스키마	KS X ISO/TS 19103
연관(association)	〈UML〉 유형화된 인스턴스 사이에서 발생할 수 있는 의미론적 관계 비고 이진 연관은 정확하게 두 분류자 (분류자 사이의 연관 가능성을 포함)간의 연관이다.	KS X ISO/TS 19103
속성(attribute)	〈UML〉 분류자의 특성으로 분류자의 인스턴스가 가질 수 있는 값의 범위를 기술하는 특성	KS X ISO/TS 19103
관계수(cardinality)	〈UML〉 하나의 집합 내에 존재하는 요소의 수 비고 하나의 집합이 유지할 수 있는 가능한 관계수의 범위인 다중성과 대조된다.	KS X ISO/TS 19103
클래스(class)	같은 속성, 연산, 메소드, 관계와 의미를 공유하는 객체의 집합에 대한 설명	KS X ISO/TS 19103
분류자(classifier)	〈UML〉 모든 조합에서 행동적 특성과 구조적 특성을 설명하는 매커니즘	KS X ISO/TS 19103
컴포넌트(component)	〈UML〉 내용을 캡슐화하고, 그 발현이 자신의 환경 내에서 교체 가능한 시스템의 모듈식 부분의 표현	KS X ISO/TS 19103
합성(composition)	〈UML〉 합성 객체(전체)가 구성된 객체(부분)의 존재와 저장에 대한 책임이 있는 집합 연관	KS X ISO/TS 19103
개념적 모델 (conceptual model)	논의의 영역의 개념을 정의하는 모델	KS X ISO/TS 19103
개념적 스키마 (conceptual schema)	개념적 모델의 정형화된 기술	KS X ISO/TS 19103
제약조건(constraint)	〈UML〉 어떤 요소의 의미를 표현하기 위한 목적으로 자연어의 텍스트 또는 읽을 수 있는 기계 언어로 표현된 조건 또는 제한	KS X ISO/TS 19103
데이터 유형(data type)	이 영역에서 값에 대해 허용된 연산을 갖고 있는 겁 영역의 사양 비고 데이터 유형은 사전에 규정된 유형과 사용자 정의 가능한 유형을 포함한다.	KS X ISO/TS 19103
의존(dependency)	〈UML〉 단일 모델 요소 또는 모델 요소의 집합이 사양 또는 구현을 위해 다른 모델 요소를 필요로 한다는 것을 의미하는 관계 비고 이는 의존하는 요소의 완전한 의미가 의미론적으로 또는 구조적으로 공급자 요소의 정의에 의존한다는 것을 의미한다.	KS X ISO/TS 19103
지형지물(feature)	실세계 현상의 추상화 비고1 지형지물은 클래스일 수도 있고, 인스턴스일 수도 있다. 정확한 의미를 지정할 때에는 완전한 용어인 지형지물 유형 또는 지형지물 인스턴스로 사용한다. 비고2 UML2에서 용어 특성(feature)은 인터페이스, 클래스 또는 데이터 유형과 같은 분류자 안의 부분으로 캡슐화 되는 연산 또는 속성과 같은 특질에 대해 사용된다. 비고3 부속서D.2 참조	KS X ISO/TS 19103
특성(feature)	〈UML〉 분류자의 특질	KS X ISO/TS 19103

용어명	용어 정의	관련표준
일반화(generalization)	〈UML〉 더 일반적인 요소와 동일한 요소 유형 보다 구체적인 요소 간의 분류학적 관계 비고 더 구체적인 요소의 인스턴스는 보다 일반적인 요소가 허용되는 곳에 사용될 수 있다.	KS X ISO/TS 19103
상속(inheritance)	구체적인 분류자가 보다 일반적인 분류자에 의해 정의된 구조와 행동을 포함하는 매커니즘	KS X ISO/TS 19103
인스턴스(instance)	〈UML〉 자신의 고유한 값과 가능한 고유한 식별성을 가지는 개별 개체 비고 분류자는 유사한 특질을 가진 인스턴스 집합의 형식과 형태를 명시한다.	KS X ISO/TS 19103
인터페이스(interface)	〈UML〉 일관된 공개 〈UML〉 특성과 의무의 집합의 선언을 표현하는 분류자 비고 인터페이스는 계약을 규정한다. 인터페이스를 실현하는 모든 분류자는 그 계약을 이행해야 한다. 인터페이스와 연관될 수 있는 의무(사전 조건이나 사후조건과 같은)는 다양한 종류의 제약이나 프로토콜 사양의 형태로, 인터페이스를 통한 상호작용에 대해 순서가 있는 제약을 부과한다.	KS X ISO/TS 19103
메타모델(metamodel)	다른 모델을 표현하기 위한 언어를 정의하는 모델 비고 모델은 메타모델의 인스턴스이고, 메타모델은 메타-메타모델의 인스턴스이다.	KS X ISO/TS 19103
모델(model)	현실의 어떠한 측면들의 추상화	KS X ISO/TS 19103
다중성(multiplicity)	〈UML〉 어떤 집합이 허용 가능한 관계수 범위의 사양	KS X ISO/TS 19103
객체(object)	잘 정의된 경계와 정체성 있는 개체로, 상태와 형태를 캡슐화한 것	KS X ISO/TS 19103
연산(operation)	관련된 행동을 유발하기 위해 이름, 유형, 매개변수, 제약조건을 명시하는 분류자의 〈UML〉 특징	KS X ISO/TS 19103
패키지(package)	〈UML〉 요소들을 그룹으로 체계화하기 위한 일반적 목적의 매커니즘	KS X ISO/TS 19103
프로파일(profile)	〈UML〉 메타모델을 구체적인 플랫폼이나 영역에 채택하기 위한 목적으로 참조 메타모델로 제한적으로 확장한 정의	KS X ISO/TS 19103
실체화(realization)	〈UML〉 하나는 사양(공급자)을 표현하고 다른 하나는 사양의 구현(클라이언트)을 표현하는 2개의 모델 요소 간의 특수한 추상화 관계 비고 실현은 구조의 상속 없는 행동의 상속을 나타낸다.	KS X ISO/TS 19103
관계(relationship)	〈UML〉 모델 요소 간의 의미론적 연결	KS X ISO/TS 19103
스키마(schema)	모델의 정형적 설명	KS X ISO/TS 19103
서비스(service)	인터페이스를 통해 어떤 개체가 제공하는 기능의 구별되는 부분	KS X ISO/TS 19103
스테레오타입(stereotype)	〈UML〉 용어 및 표기 등을 대체 및 확장하여 특정 플랫폼 및 도메인에 맞는 사용을 가능하게 하는 메타클래스의 확장	KS X ISO/TS 19103
태그 값(tagged value)	〈UML〉 모델 요소를 확장하는데 사용되는 스테레오타입에 대한 속성	KS X ISO/TS 19103
템플릿(template)	〈UML〉 매개변수화된 모델 요소	KS X ISO/TS 19103

용어명	용어 정의	관련표준
유형(type)	〈UML〉 객체의 도메인과 그 객체에 적용 가능한 연산을 규정하되, 그 객체의 물리적 구현은 정의하지 않는 스테레오타입의 클래스 **비고** 어떤 유형이 속성과 연관을 가질 수 있다. 부속서 B의 인터페이스에 대한 관계 참조	KS X ISO/TS 19103
값 도메인(value domain)	인정되는 값들의 집합	KS X ISO/TS 19103
약어(abbreviation)	동일한 개념의 긴 단어 또는 문자에 대한 지정 표현	KS X ISO/TS 19104
승인 용어 (admitted term)	선호 용어에 대한 동의어로서 용어 수용성 등급의 척도에 따라 분류된 용어 **비고** 승인 용어는 선호 용어로서 수용할 수 있는 대체 용어이다.	KS X ISO/TS 19104
개념(concept)	특징들의 단일한 조합으로 생성된 지식의 단위 **비고** 개념은 반드시 특정 언어에 얽매일 필요는 없다. 그러나 개념은 사회적, 문화적 배경의 영향으로 서로 다르게 분류되기도 한다.	KS X ISO/TS 19104
개념 분야(concept field)	주제별로 연관된 개념의 구조화 되지 않은 집합	KS X ISO/TS 19104
개념 조화 (concept harmonization)	직업, 기술, 과학, 사회, 경제, 언어, 문화적으로 밀접한 연관을 갖거나 중복된 개념간의 차이점을 최소화하거나 제거하는 행위 **비고** 개념 조화는 의사소통을 향상하는 것을 목적으로 한다.	KS X ISO/TS 19104
개념 체계(concept system)	개념 간의 관계를 통해 구조화된 개념의 집합	KS X ISO/TS 19104
데이터 카테고리 (data category)	용어 데이터의 특정 유형의 지정 결과	KS X ISO/TS 19104
정의(difinition)	관련 개념과의 차이를 설명하는 선언문 형식의 개념 표현	KS X ISO/TS 19104
비선호 용어 (deprecated term)	용어 수용성 등급 척도에 따라 사용이 바람직하지 않은 것으로 분류된 용어	KS X ISO/TS 19104
지정, 지정자 (designation, designnator)	기호에 의한 개념의 지정적 표현	KS X ISO/TS 19104
도메인(domain)	〈일반어휘〉 용어 엔트리가 할당된 인간 지식의 구분 영역 **비고** 데이터베이스 또는 기타 용어 모음 내에서 일반적으로 도메인의 집합이 정의된다. 하나 이상의 도메인이 주어진 개념과 연관될 수 있다.	KS X ISO/TS 19104
계층적 등록물 (hierarchical register)	주 등록물 및 하위 등록물의 집합으로 구성되어 있는 등록물 항목의 도메인에 대한 등록물의 구조화된 집합 **비고** 각 하위 등록물은 그 자체가 등록물이다.	KS X ISO/TS 19104
동형이의어(homograph)	다른 개념을 표현하는 또 다른 지정으로서 동일한 서면 형식을 갖는 지정	KS X ISO/TS 19104
동음이의(homonymy)	주어진 언어 중 지정과 개념의 관계에서 하나의 지정이 두 가지 이상 관련 없는 개념으로 표현 **비고1** 동음이의의 예로는 : 　　　　bark 　　1. "개가 짖는(우는)소리" 　　2. "나무(줄기) 껍질" 　　3. "세 개의 마스트를 가진 범선" **비고2** 동음이의 관계의 지정은 동음이의어라고 불린다.	KS X ISO/TS 19104
이형 동음이의어 (homophone)	같은 발음이지만 의미, 기원, 때로는 철자가 다른 두 개 이상의 단어 중 하나	KS X ISO/TS 19104

용어명	용어 정의	관련표준
항목 클래스(item class)	공통의 특성을 갖는 항목의 집합 **비고** 여기에서 클래스는 인스턴스 집합의 추상화된 개념이 아닌 인스턴스 집합을 언급하기 위해 사용된다.	KS X ISO/TS 19104
언어(language)	일반적으로 어휘 및 규칙으로 구성된 의사소통을 위한 신호체계 **비고** 이 표준에서 언어는 구체적으로 가리키지 않는 한 프로그래밍 언어나 인공 언어가 아니라 자연 언어나 특수언어를 의미한다.	KS X ISO/TS 19104
언어 식별자 (language identifier)	언어명을 가리키는 용어 엔트리의 정보	KS X ISO/TS 19104
비언어적 표현 (non-verbal representation)	개념의 특징을 나타내는 비서술적인 방법에 의한 개념표현 **비고** 비언어적 표현은 해당 개념의 특징을 나타내는 화학적 또는 수학적 공식, 픽토그램 또는 그림, 표 또는 기타 종류의 시각적 또는 비시각적 표현일 수 있다.	KS X ISO/TS 19104
폐기 용어(obsolete term)	더 이상 일반적으로 사용되지 않는 용어	KS X ISO/TS 19104
선호 용어(preferred term)	용어 수용성 등급의 척도에 따라 주어진 개념의 주 용어로 평가된 용어	KS X ISO/TS 19104
주 등록물 (principal register)	계층적 등록물에서 각각의 하위 등록물에 대한 기술을 포함하는 등록물	KS X ISO/TS 19104
참조 환경 (reference environment)	개념이 구상되고 인식되는 지리적, 문화적 환경 **비고** 제출언어 참조	KS X ISO/TS 19104
참조 언어 (reference language)	개념의 개발 및 서술을 위해 지정된 언어	KS X ISO/TS 19104
참조 언어 하위 등록물 (reference langage subregister)	참조 언어의 용어 엔트리만 포함하는 계층적 다중언어 용어 등록물의 하위 등록물	KS X ISO/TS 19104
등록물(register)	연관 항목의 설명과 함께 항목에 연계된 식별자를 포함하는 파일의 집합	KS X ISO/TS 19104
단순 등록물 (simple register)	단일 항목 클래스의 항목을 포함하는 등록물	KS X ISO/TS 19104
주제 분야(subject field)	특수 지식 분야	KS X ISO/TS 19104
제출 언어 (submitted language)	참조 언어가 아닌 언어 **비고** 제출언어로 제공된 용어 엔트리는 참조 언어의 대응하는 엔트리를 사용해서 번역한다.	KS X ISO/TS 19104
제출 언어 하위 등록물 (submitted language subregister)	단일 제출언어의 용어 엔트리만 포함하는 계층적 다중언어 용어 등록물의 하위 등록물	KS X ISO/TS 19104
종속 개념, 협의 개념 (subordinate concept, narrower concept)	특정 개념 또는 부분 개념과 같이 보다 좁은 개념	KS X ISO/TS 19104
하위 등록물(subregister)	정보 도메인의 한 부분에 대한 항목을 포함하는 계층적 등록물의 일부	KS X ISO/TS 19104
기술 표준 (technical standard)	〈등록물〉 등록을 요하는 항목 클래스의 정의를 포함하는 표준	KS X ISO/TS 19104

용어명	용어 정의	관련표준
용어(term)	특정 주제 분야에서 일반 개념의 언어적 지정 **비고** 용어는 기호를 포함할 수 있으며, 변형된 형태를 포함할 수 있다(예: 다른 철자 형태).	KS X ISO/TS 19104
대체 용어(term equivalent)	동일한 개념을 가리키는 다른 언어에 있는 용어 **비고** 대체 용어는 동의어 및 언어로 표현된 개념의 정의와 함께 제시되어야 한다.	KS X ISO/TS 19104
용어 데이터 (terminological data)	개념 또는 그 지정과 관련된 데이터	KS X ISO/TS 19104
용어 엔트리 (terminological entry)	하나의 개념과 관계된 용어 데이터를 포함하는 용어 데이터 집합의 일부 **비고** ISO 704의 원칙과 방법에 따라 준비된 용어 엔트리는 단일언어 또는 다중언어 모두 동일한 구조적 원리를 따른다.	KS X ISO/TS 19104
용어 엔트리 식별자 (terminological entry identifier)	용어 엔트리에 할당된 고유하고 모호하지 않은 언어적으로 중립적인 식별자	KS X ISO/TS 19104
용어 등록물 (terminological register)	용어 엔트리의 등록물 **비고** 용어 등록물은 언어 및 또는 도메인에 따라 구조화할 수 있다.	KS X ISO/TS 19104
용어 저장소 (terminological repository)	용어와 용어의 정의가 저장 또는 기록되어 있는 데이터 저장장치나 문서	KS X ISO/TS 19104
응용(application)	사용자 요구사항을 충족하기 위한 데이터의 조작 및 처리	KS X ISO 19109
응용 스키마 (application schema)	하나 이상의 응용에서 요구되는 데이터의 개념적 스키마	KS X ISO 19109
복합 지형지물(피처) (complex feature)	다수의 지형지물로 구성된 지형지물	KS X ISO 19109
개념적 모델 (conceptual model)	논의 영역의 개념을 규정한 모델	KS X ISO 19109
개념적 스키마 (conceptual schema)	개념적 모델의 정형화된 기술	KS X ISO 19109
커버리지(coverage)	공간, 시간 또는 시공간 도메인 내에서 함수처럼 그 범위 내의 특정 직접 위치에 대한 값을 반환하는 지형지물	KS X ISO 19109
데이터세트(dataset)	데이터의 식별 가능한 모음(collection)	KS X ISO 19109
도메인(domain)	잘 정의된 집합 **비고** 잘 정의되어 있다는 의미는 그 정의가 필요하고 충분하다는 것을 뜻한다. 따라서 정의를 충족하는 모든 것은 집합에 있고, 정의를 충족하지 않는 모든 것은 집합 밖에 있다는 뜻이다.	KS X ISO 19109
지형지물(피처) (feature)	실세계 현상(phenomena)의 추상화 **비고** 지형지물은 유형이나 인스턴스로 나타낼 수 있다. 지형지물 유형 및 지형지물 인스턴스는 단 한 가지의 의미를 갖도록 사용해야 한다.	KS X ISO 19109
지형지물(피처) 연관 (feature association)	동일하거나 혹은 서로 다른 지형지물의 유형을 갖는 하나의 지형지물 유형의 인스턴스들 간의 연관 관계	KS X ISO 19109

용어명	용어 정의	관련표준
지형지물(피처) 속성 (feature attribute)	지형지물의 특성(characteristic) **비고1** 지형지물 속성은 유형 또는 인스턴스로 발생할 수 있다. 지형지물 속성 유형 또는 지형지물 속성 인스턴스는 단 한 가지의 의미를 갖도록 사용해야 한다. **비고2** 하나의 지형지물 속성 유형(type)은 이름, 데이터 유형 및 이와 관련된 도메인을 가진다. 하나의 지형지물 속성 인스턴스는 하나의 속성값을 가진다. 이 속성값은 해당 지형지물 속성 유형의 도메인에서 온다.	KS X ISO 19109
지형지물(피처) 연산 (feature operation)	특정 지형지물 유형의 모든 인스턴스에서 실행 가능한 연산 **보기1** 지형지물 유형 "댐"에 대한 지형지물 연산은 댐을 높이는 것이다. 이 연산 결과, "댐"의 높이와 "저수지"의 수위가 올라간다. **보기2** 지형지물 유형 "댐"에 의한 지형지물 연산은 선박이 수로를 따라 항해하는 것을 차단할 수 있다.	KS X ISO 19109
지리데이터 (geographic data)	지표상의 위치를 묵시적 또는 명시적으로 참조하는 데이터 **비고** 지리정보 또한 지표상의 위치에 묵시적 또는 명시적으로 관련되는 현상에 대한 정보를 의미하는 용어로 사용된다.	KS X ISO 19109
메타데이터(metadata)	데이터에 관한 데이터 또는 자원에 대한 정보	KS X ISO 19109
모델(model)	현실의 한 부분을 추상화한 것	KS X ISO 19109
관찰(observation)	특질의 값을 측정하거나 정하는 행위	KS X ISO 19109
특질(property)	이름에 의해 참조되는 객체의 양상(facet) 또는 속성(attribute)	KS X ISO 19109
품질(quality)	내재된 특성(characteristics)의 집합이 필요 요건을 충족하는 정도	KS X ISO 19109
논의 영역 (universe of discourse)	모든 관심 있는 것을 포함하는 실세계나 가상 세계에 대한 견해	KS X ISO 19109
값(value)	어떤 유형(type) 도메인의 요소	KS X ISO 19109
기호 지정, 지시어 (designation, designator)	개념을 가리키는 기호를 사용하여 그 개념을 재현함. **비고** 용어 작업에서 기호 지정은 세 가지 유형으로 구분된다 : 기호, 호칭, 용어	KS X ISO 19110
지형지물(피처) (feature)	실세계 현상의 추상화 **비고** 지형지물은 유형일 수도, 인스턴스일 수도 있다. 한 가지 의미만 있는 경우, 지형지물 유형 및 지형지물 인스턴스로 구분하여 사용해야 한다.	KS X ISO 19110
지형지물 연관관계(피처 연관) (feature association)	어떤 지형지물 유형의 인스턴스를 통일한 유형 혹은 다른 유형의 인스턴스와 연결하는 관계	KS X ISO 19110
지형지물 속성 (feature attribute)	지형지물의 특징 **비고** 지형지물 속성은 이름, 데이터 유형, 관련된 값 도메인을 갖는다. 지형지물 인스턴스를 위한 지형지물 속성 또한 해당 값 도메인에 속한 속성 값을 갖는다.	KS X ISO 19110
지형지물 목록(피처 카탈로그) (feature catalogue)	지형지물 유형, 지형지물 속성 및 여러 지리 데이터 집합 간의 지형지물 관계, 그리고 적용 가능한 지형지물 연산에 대한 정의와 설명을 담은 목록 **비고** 지형지물 관계는 지형지물 상속과 지형지물 연관 관계를 포함한다.	KS X ISO 19110
지형지물 상속(피처 상속) (feature inheritance)	좀 더 구체적인 지형지물이 좀 더 일반적인 지형지물의 구조와 형태(behaviour)를 따르게 하는 메커니즘	KS X ISO 19110

용어명	용어 정의	관련표준
지형지물 연산(피처 연산) (feature operation)	해당 지형지물 유형의 모든 인스턴스에서 실행 가능한 연산 **비고** 종종 지형지물 연산은 지형지물 유형 정의를 위한 기초를 제공한다.	KS X ISO 19110
함수형 언어 (functional language)	지형지물 연산을 형식적으로 기술하는 데 사용되는 언어 **비고** 함수형 언어에서 지형지물 유형은 추상 데이터 유형으로 표현될 수 있다.	KS X ISO 19110
서명(signature)	어떤 연산을 실행시키는 데 필요한 이름 및 매개변수를 지정하는 문자열 **비고** 선택적으로 반환되는 매개변수를 포함할 수 있다. 이 서명은 보통 공식 정의에서 파생된다. 이것은 UML 서명과 동일하다.	KS X ISO 19110
어파인 좌표계 (affine coordinate system)	유클리디안 공간에서 직선축들로 구성된 좌표 체계이다. 축들이 반드시 직교할 필요는 없다.	KS X ISO 19111
직각 좌표계 (cartesian coordinate system)	상호 직교하는 n개의 축을 기준으로 점의 위치를 나타내는 좌표 체계 **비고** 이 표준에서는 n은 2 또는 3을 나타낸다.	KS X ISO 19111
합성 좌표 참조 체계 (compound coordinate reference system)	최소 두 개의 독립된 좌표 참조체계를 사용하는 좌표 참조체계 **비고** 하나의 좌표 참조체계의 좌표값이 다른 좌표 참조체계의 좌표값으로 전환될 수 없다면, 이들 좌표 참조체계는 서로 독립적이다.	KS X ISO 19111
연쇄 연산 (concatenated operation)	다수의 좌표 연산을 순차적으로 수행하는 응용으로 구성된 좌표 연산	KS X ISO 19111
좌표(coordinate)	n차원의 공간에서 점의 위치를 표현하는 n개의 숫자 연속 **비고** 좌표 참조체계에서 좌표를 나타내는 숫자는 적합한 단위를 사용해야 한다.	KS X ISO 19111
좌표 전환 (coordinate conversion)	동일한 데이텀을 기준으로 하는 두 개의 좌표 참조체계에서의 좌표연산 **보기** WGS84 데이텀 기준 타원체 좌표 참조체계에서 WGS84 데이텀 기준 수직 좌표 참조체계로의 변환. 또는 라디안에서 각도로, 또는 피트에서 미터로의 단위변경 **비고** 좌표 전환은 경험적으로 산출된 값이 아닌 특정 값을 매개변수로 사용한다.	KS X ISO 19111
좌표 연산 (coordinate operation)	하나의 좌표 참조체계로부터 다른 좌표 참조체계로의 1대 1 관계를 가지는 좌표 변경 **비고** 좌표 변환과 좌표 전환의 상위유형	KS X ISO 19111
좌표 참조 체계 (coordinate reference system)	데이텀에 의해 객체와 관련된 좌표 체계 **비고** 측지 원점 및 수직 데이텀의 경우 "객체"는 지구이다.	KS X ISO 19111
좌표 집합(coordinate set)	동일한 좌표 참조체계를 사용하는 튜플의 모음	KS X ISO 19111
좌표 체계 (coordinate system)	점에 어떤 좌표를 부여할지를 규정하기 위한 수학적 규칙의 집합	KS X ISO 19111
좌표 변환 (coordinate transformation)	서로 다른 데이텀을 기준으로 하는 두 개의 좌표 참조체계에서의 좌표 연산 **비고** 좌표 변환은 경험적 매개변수를 사용한다. 이는 두 개의 좌표 참조체계에서 미리 알려진 좌표 점의 집합을 통해 도출될 것이다.	KS X ISO 19111
좌표 튜플 (coordinate tuple)	좌표의 연속으로 구성된 튜플 **비고** 좌표 튜플의 좌표 개수는 좌표 체계의 차원과 같다. 좌표 튜플의 좌표순서는 좌표 체계의 축 순서와 같다.	KS X ISO 19111

용어명	용어 정의	관련표준
원통 좌표계(cylindrical coordinate system)	두 개의 거리와 하나의 각도 좌표로 구성된 3차원 좌표 체계	KS X ISO 19111
데이텀(datum)	좌표 체계의 기점, 축척, 방향을 정의하는 매개변수 또는 매개변수의 집합	KS X ISO 19111
깊이(depth)	선택된 기준면으로부터 직하 방향으로 측정된 한 점까지의 거리 비고 기준면보다 높게 위치한 지점의 깊이는 음의 값을 가진다.	KS X ISO 19111
동향 거리(easting)	E 남북 방향의 기준선으로부터 동쪽(양수) 혹은 서쪽(음수)으로 표시하는 좌표 체계상의 동쪽 방향 거리	KS X ISO 19111
타원체(ellipsoid)	타원을 한 개의 주축 주위로 회전했을 때에 생성되는 표면 비고 이 표준에서 타원체는 항상 그 회전축이 단축인 회전 타원면이다.	KS X ISO 19111
타원체 좌표계(ellipsoid coordinate system)	특정 지점에서의 좌표 체계는 측지 위도, 측지 경도 그리고(3차원의 경우) 타원체고를 통해 기술된다.	KS X ISO 19111
타원체고 (ellipsoid height)	h 타원체로부터 어떤 점까지의 수직선을 따라 측정된 그 점까지의 거리. 타원체의 위쪽 또는 바깥쪽으로 향한 경우는 정(+)으로 표현한다. 비고 3차원 타원체 좌표계의 일부로 사용되며, 독립적으로 사용되지 않는다.	KS X ISO 19111
공학 좌표계 (engineering coordinate reference system)	공학 데이텀에 기반한 좌표 참조체계 보기 지역적 공학 및 구조적 격자. 항해나 비행을 위한 지역적 좌표 참조 체계	KS X ISO 19111
공학 데이텀 (engineering datum)	지역 참조와 좌표 체계 간의 관계를 설명하는 지역 데이텀 비고 공학 데이텀은 측지 원점 및 수직 데이텀 모두를 배제한다.	KS X ISO 19111
편평률(flattening)	f(편평률) 타원체의 장반경(a)과 단반경(b)과의 차이를 장반경으로 나눈 값, f = (a-b)/a	KS X ISO 19111
측지 좌표 참조 체계 (geodetic coordinate reference system)	측지 원점을 바탕으로 하는 좌표 참조체계	KS X ISO 19111
측지 원점(측지 데이텀) (geodetic datum)	지구에 대한 2차원 또는 3차원 좌표 체계의 관계를 기술하는 데이텀	KS X ISO 19111
측지 위도 (geodetic latitude)	적도면과 주어진 점을 통과하는 타원체 법선이 이루는 각도(/)로, 북으로 향하는 것을 정(+)으로 함	KS X ISO 19111
측지 경도 (geodetic longitude)	본초 자오선과 주어진 점의 자오선이 이루는 각도(/)로, 동으로 향하는 것을 정(+)으로 함.	KS X ISO 19111
지오이드(geoid)	어디에서나 중력 방향에 수직이며, 국지적 또는 전 지구적으로 평균 해수면에 가장 근접하는 지구 중력 등위 표면	KS X ISO 19111
중력 높이 (gravity-related height)	H 지구의 중력에 영향을 받는 높이 비고 정사 특히 평균 해수면 쪽 방향에 위치하는 한 점까지의 거리에 대한 근사값인 정사 표고나 정규 표고를 말한다.	KS X ISO 19111
높이(height)	h, H 선택된 기준면으로부터 기준면 위쪽에 위치한 한 점까지의 수직 거리	KS X ISO 19111
영상 좌표 참조 체계(image coordinate reference system)	영상 데이텀을 바탕으로 하는 좌표 참조체계	KS X ISO 19111
선형 좌표계 (linear coordinate system)	축이 선형 피처로 이루어진 1차원 좌표 체계	KS X ISO 19111

용어명	용어 정의	관련표준
지도 투영(map projection)	타원체 좌표계를 평면으로 바꾸는 좌표 전환	KS X ISO 19111
평균 해수면 (mean sea level)	모든 단계의 조수위와 계절 변화에 대한 해수면의 평균 높이 **비고** 통상, 지역적 의미로 평균 해수면은 하나 이상의 지점을 일정한 기간 동안 관측한 그 영역의 평균 해수면을 말한다. 전 지구적인 의미로 평균해수면은 전 지구적인 지오이드와 2m이하의 차로 받아들여진다.	KS X ISO 19111
자오선(meridian)	타원체의 최단축을 포함하고 있는 평면과 타원체와의 교선 **비고** 이 용어는 완전 폐쇄 도형보다는 극대 극 원호에서 자주 사용된다.	KS X ISO 19111
북향 거리(northing)	N 좌표 체계상에서 동서 기준선에서부터 북쪽(양수) 또는 남쪽(음수)으로 관측한 직선거리	KS X ISO 19111
극 좌표계 (polar coordinate system)	원점으로부터의 거리 및 방향으로 위치를 기술하는 2차원 좌표 체계 **비고** 3차원의 경우, 구면 좌표계를 참조한다.	KS X ISO 19111
본초 자오선(prime meridian)	다른 자오선의 경도 측정에 기준으로 사용되는 0도 자오선	KS X ISO 19111
투영 좌표 참조 체계 (projected coordinate reference system)	2차원 측지 좌표 참조체계로부터 지도 투영을 통해 파생된 좌표 참조체계	KS X ISO 19111
장반경(semi-major axis)	a 타원체의 최장 반지름 **비고** 지구 타원체의 장반경은 적도 반경이다.	KS X ISO 19111
단반경(semi-minor axis)	b 타원체의 최단 반지름 **비고** 지구 타원체의 단반경은 타원체의 중심으로부터 어느 한쪽 극까지의 거리이다.	KS X ISO 19111
연속(sequence)	유한하며 순서를 갖는, 서로 관련성이 반복될 수 있는 항목(객체 또는 값)의 모음 **비고** 논리적으로 연속은 〈항목, 오프셋〉 쌍의 집합이다. 이 표준에서는 괄호로 연속을 구분하고, 연속 내 요소는 콤마로 분리하는 LISP의 문법이 사용된다.	KS X ISO 19111
공간 참조 (spatial reference)	실세계에서의 위치에 대한 기술 **비고** 공간 참조는 라벨, 코드 또는 좌표 튜플의 형태를 가질 수 있다.	KS X ISO 19111
구면 좌표계(spatial coordinate system)	일반적으로 측지 좌표 참조체계와 연관되어 원점으로부터의 측정된 하나의 길이와 두 개의 각도 좌표를 가지는 3차원 좌표 체계 **비고** 타원체를 바탕으로 한 타원체 좌표계와 혼동하지 않도록 한다.	KS X ISO 19111
튜플(tuple)	값의 순서화된 목록 **비고** 튜플에서의 숫자 값은 불변이다.	KS X ISO 19111
단위(unit)	치수 매개변수를 표현하는 정의된 양 **비고** 이 표준에서 단위의 하위유형은 길이 단위, 각 단위, 시간 단위, 척도 단위 및 픽셀 간격 단위이다.	KS X ISO 19111
수직 좌표 참조 체계 (vertical coordinate reference system)	수직 데이텀을 바탕으로 한 1차원 좌표 참조체계	KS X ISO 19111
수직 좌표계(vertical coordinate syystem)	중력 높이 또는 깊이의 측정에 사용되는 1차원 좌표 체계	KS X ISO 19111

용어명	용어 정의	관련표준
수직 데이텀(vertical datum)	지구와 중력 높이 또는 깊이와의 관계를 기술하는 데이터 **비고** 대부분의 경우, 수직 데이텀은 평균 해수면과 관련된다. 타원체고는 측지 원점을 기준으로 하는 3차원 타원체 좌표계와 관련되는 것으로 간주된다. 수직 데이텀은 수심 데이텀(수로학적인 목적으로 사용됨.)을 포함한다. 이 경우, 높이는 음(-)의 높이 또는 깊이가 된다.	KS X ISO 19111
지형지물	실세계 현상의 개요적인 표현 **비고** 한 지형지물은 하나의 유형이나 인스턴스이다. 지형지물 유형이나 인스턴스는 하나만 해당될 때 사용될 수 있다.	KS X ISO 19112
지명사전	위치에 대한 정보를 포함하는 지형지물의 클래스의 인스턴스 사전 **비고** 위치 정보가 반드시 좌표일 필요는 없고, 묘사적이어도 된다.	KS X ISO 19112
지리 식별자	위치 판단을 가능하게 하는 문자표기(label) 또는 부호 형태의 공간 참조 **보기** "스페인"은 나라 이름이, "SW1P3AD"는 우편번호가 지리 식별자의 보기이다.	KS X ISO 19112
위치	식별 가능한 지리적인 장소 **보기** "에펠 타워", "마드리드", "캘리포니아"	KS X ISO 19112
공간 참조	실세계에서의 위치에 관한 묘사 **비고** 공간 참조는 문자표기(label), 코드, 좌표 집합(set)의 형태를 가질 수 있다.	KS X ISO 19112
공간 참조 체계	실세계의 위치 표현 체계	KS X ISO 19112
인용(citation)	독자 또는 사용자의 관심을 한 자원에서 타 자원으로 옮길 수 있는 정보를 탑재한 정보 객체	KS X ISO 19115-1
데이터 유형(data type)	영영 내의 값을 바탕으로 연산을 통해 나올 수 있는 허용된 값 영역의 사양 **비고** 데이터 유형은 정수 등의 용어로 식별된다.	KS X ISO 19115-1
데이터세트(dataset)	식별 가능한 데이터의 모음 **비고** 데이터세트는 비록 공간 범위나 지형지물 유형과 같은 제약 조건으로 한정되어도 보다 큰 데이터세트 내에 물리적으로 존재하는 보다 작은 데이터의 그룹이 될 수 있다. 이론적으로, 데이터세트는 하나의 지형지물 또는 보다 큰 데이터세트에 포함된 지형지물 속성만큼이나 작다. 종이 지도 및 도표는 데이터세트로 간주된다.	KS X ISO 19115-1
데이터세트 시리즈 (dataset series)	동일한 제품 사양을 통해 작성된 데이터세트의 모음	KS X ISO 19115-1
지형지물(feature)	실세계 현상의 추상화	KS X ISO 19115-1
자유 문서(free text)	하나 또는 다량의 언어로 표현될 수 있는 문서 정보	KS X ISO 19115-1
그리드(grid)	알고리즘적으로 각 집합의 원소가 다른 집합의 원소와 교차하는 둘 이상의 곡선 집합으로 구성된 네트워크	KS X ISO 19115-1
인터페이스(interface)	개체의 행태에 대한 특성을 기술하는 명명된 연산 집합	KS X ISO 19115-1
계보(lineage)	자원 생산에 사용된 출처, 공급원과 생산처리 과정	KS X ISO 19115-1
메타데이터(metadata)	자원에 대한 정보	KS X ISO 19115-1

용어명	용어 정의	관련표준
메타데이터 요소 (metadata element)	메타데이터를 구성하는 단위 **비고1** 메타데이터 요소는 메타데이터 개체 내에서 유일하다. **비고2** UML 용어에서 속성과 대응하는 용어이다. **비고3** 클래스 속성 및 관계는 집합적으로 메타데이터 요소를 의미한다.	KS X ISO 19115-1
메타데이터 개체 (metadata entity)	데이터의 동일한 측면을 기술하는 메타데이터 요소의 집합 **비고1** 하나 이상의 메타데이터 개체를 포함할 수 있다. **비고2** UML 용어로 클래스에 해당한다.	KS X ISO 19115-1
메타데이터 섹션 (metadata section)	관련 메타데이터 개체와 메타데이터 요소의 모음으로 구성된 메타데이터의 하위집합 **비고** UML 용어에서 패키지에 대응되는 용어이다.	KS X ISO 19115-1
모델(model)	현실의 한 부분을 추상화한 것.	KS X ISO 19115-1
연산(operation)	객체 실행을 호출할 수 있는 변환 또는 질의에 대한 사양 **비고** 연산은 이름과 매개변수 목록을 가진다.	KS X ISO 19115-1
출처(provenance)	기록을 생성, 수집, 유지 및 사용하는 개인 또는 기관	KS X ISO 19115-1
자원(resource)	요구사항을 수행하기 위한 자산이나 수단	KS X ISO 19115-1
서비스(service)	개체의 인터페이스를 통해 제공되는 기능성의 개별 부분	KS X ISO 19115-1
경계(boundary)	실체의 범위를 나타내는 집합 **비고** 경계는 기하학적 맥락에서 가장 일반적으로 사용되는데, 여기서 집합이란 점들의 집합 혹은 그 점들을 나타내는 객체들의 집합을 말한다. 다른 분야에서 경계는 하나의 실체와 그 실체를 제외한 나머지 부분 간의 전이를 설명하기 위해 비유적으로 사용된다.	KS X ISO 19125-1
버퍼(buffer)	명시된 기하 객체로부터의 거리가 주어진 거리보다 작거나 같은 모든 직접적인 위치를 포함하는 기하 객체	KS X ISO 19125-1
좌표(coordinate)	N차원의 공간에서 한 점의 위치를 지정하는 연속적인 숫자의 하나 **비고** 좌표 참조 체계에서 숫자는 단위에 의해 제한된다.	KS X ISO 19125-1
좌표 차원	좌표 체계에서 위치를 기술하는 데 필요한 측정 수 또는 축	KS X ISO 19125-1
좌표 참조 체계	자료에 의한 실세계와 관련된 좌표 체계	KS X ISO 19125-1
좌표 체계	좌표들이 지점에 할당되는 방법을 구체화하기 위한 수학적 규칙들의 집합	KS X ISO 19125-1
곡선	1차원 기하 원시객체로 선의 연속적인 이미지를 나타낸다. **비고** 곡선의 경계는 곡선의 양끝 점의 집합이다. 만약 곡선이 원이면 두 끝점은 동일하며, 그 곡선(위상적으로 닫혀 있다면)은 경계를 갖지 않는다고 간주된다. 처음 점을 시작점, 마지막 점을 끝점이라 한다. 곡선의 연결성은 "선의 연속적인 이미지"라는 절로 보증된다. 위상 이론에서는 연결된 집단의 연속적인 이미지는 연결된 것이라고 명시하고 있다.	KS X ISO 19125-1
직접적인 위치	좌표 참조체계에서 한 집단의 좌표에 의해 표현된 위치	KS X ISO 19125-1
끝점	곡선의 마지막 점	KS X ISO 19125-1
외부	대상 영역 전체와 폐쇄 공간 간의 차이 **비고** 외부의 개념은 위상적이고 기하 복합체에 적절하다.	KS X ISO 19125-1

용어명	용어 정의	관련표준
지형지물(feature)	실세계 현상의 추상적 개념 **비고** 지형지물은 유형이나 인스턴스로 나타난다. 지형지물 유형이나 지형지물 인스턴스를 오직 하나일 때 의미를 갖는다.	KS X ISO 19125-1
지형지물 속성	지형지물의 특성 **비고** 지형지물 인스턴스에 대한 지형지물 속성은 값의 도메인으로부터 취하는 속성값을 갖는다.	KS X ISO 19125-1
기하 복합체	각각의 기하 원시객체 경계가 같은 집단 내에서 매우 작은 차원의 다른 기하 원시객체의 합성으로 표현될 수 있는 분리된 기하 원시객체 집단 **비고** 집단에서의 기하 원시객체는 직접적인 위치가 하나의 원시객체보다는 더 내부에 있지 않다는 의미에서 분리된 것이다. 이 집단은 기하 복합체 내 각 요소에 대한 것을 의미하는 경계 연산 하에서 폐쇄되었으며, 이러한 요소의 경계를 표현하는 기하 원시객체의 모음(또는 하나의 기하 복합체)이 있다. 따라서 가장 큰 차원의 기하 원시객체가 입체(3D)라면, 이러한 정의에서 경계 연산자의 구성은 3단계로 한정된다. 이것은 또한 어떤 객체의 경계가 궤도인 경우에 해당한다.	KS X ISO 19125-1
기하 객체	기하 집단을 나타내는 공간객체 **비고** 기하 객체는 기하 원시객체, 기하 원시객체의 집합 또는 단일 실체로 취급되는 기하 복합체로 구성된다. 기하 객체는 지형지물이나 지형지물의 중요 부분과 같은 객체의 공간적인 표현일 수 있다.	KS X ISO 19125-1
내부	기하 객체에 위치한 모든 직접적 위치의 집합. 경계는 제외 **비고** 위상 객체의 내부는 기하적으로 구현된 내부의 동일 형상 이미지이다. 이것은 위상 이론으로부터 왔기 때문에 하나의 정의로는 포함되지 않는다.	KS X ISO 19125-1
점	위치를 나타내는 0차원의 기하 원시객체 **비고** 점의 경계는 공집합이다.	KS X ISO 19125-1
단순 지형지물	공간적이고 비공간적인 두 속성을 갖는 정점들 간의 선형 보간의 2차원 기하로 제한되는 지형지물	KS X ISO 19125-1
시작점	곡선의 시작점	KS X ISO 19125-1
표면	평면의 연속적인 이미지로 나타내는 2차원 기하 원시객체 **비고** 표면의 경계는 표면의 한계를 그리는 방향성이 있으며 닫힌 곡선의 집단이다.	KS X ISO 19125-1
응용(application)	사용자 요구사항에 맞춘 데이터의 조작 및 처리	KS X ISO 19131
응용 스키마 (application schema)	하나 이상의 응용에서 요구되는 데이터의 개념적 스키마	KS X ISO 19131
개념적 모델 (conceptual model)	논의의 영역의 개념을 정의한 모델	KS X ISO 19131
개념적 스키마 (conceptual schema)	개념적 모델의 정형화된 기술	KS X ISO 19131
커버리지(coverage)	공간, 시간 또는 시공간 영역(정의역) 내에서 함수처럼 그 범위(치역) 내의 특정 직접 위치에 대한 값을 반환하는 지형지물	KS X ISO 19131
데이터 제품(data product)	데이터 제품 사양을 따르는 데이터세트 또는 데이터세트 시리즈	KS X ISO 19131
데이터 제품 사양 (data product specification)	데이터 제품에 대하여 제3자가 이를 생성, 공급, 사용하는 데 필요한 정보를 제공하는 데이터세트 또는 데이터세트 시리즈의 상세설명	KS X ISO 19131

용어명	용어 정의	관련표준
	비고 데이터 제품 사양은 논의의 영역에 대한 설명과 그 논의의 영역과 데이터세트를 매핑하기 위한 사양을 제공한다. 데이터 제품 사양은 생산, 판매, 최종 사용 또는 기타 목적을 위해 사용될 수 있다.	KS X ISO 19131
데이터세트(dataset)	식별 가능한 데이터의 모음 **비고** 데이터세트는 물리적으로 더 큰 데이터세트 내 위치한 작은 데이터 그룹이 될 수 있다. 이때, 공간 범위나 지형지물 유형과 같은 제약조건으로 제한을 받기도 한다. 이론적으로 데이터 세트는 더 큰 데이터세트에 포함된 하나의 지형지물이나 지형지물 속성만큼이나 작아질 수도 있다. 종이지도 또는 해도(chart)도 데이터세트로 간주될 수 있다.	KS X ISO 19131
데이터세트 시리즈 (dataset series)	동일한 제품 사양을 통해 작성된 데이터세트의 모음	KS X ISO 19131
영역(도메인)(domain)	잘 정의된 값들의 집합 **비고** "잘 정의되었다"라는 의미는 정의가 필요 충분하다는 것을 의미하며, 정의를 만족시키는 모든 것은 반드시 집합의 내부에 존재하고, 정의를 만족시키지 못하는 것은 반드시 집합의 외부에 존재한다.	KS X ISO 19131
지형지물(feature)	실세계 현상의 추상화 **비고** 지형지물은 유형 또는 인스턴스로서 발생할 수 있다. 지형지물 유형 또는 지형지물 인스턴스는 단지 하나를 뜻할 때 사용해야 한다.	KS X ISO 19131
지형지물 연관관계	어떤 지형지물 유형의 인스턴스를 동일한 유형 혹은 다른 지형지물 유형의 인스턴스와 연결하는 관계 **비고 1** 지형지물 연관은 유형 또는 인스턴스로서 발생할 수 있다. 지형지물 연관 유형 또는 지형지물 연관 인스턴스는 단지 하나를 뜻할 때 사용해야 한다. **비고 2** 지형지물 연관은 지형지물들의 집합 연관을 포함한다.	KS X ISO 19131
지형지물 속성 (feature attribute)	지형지물의 특징 **비고 1** 지형자물 속성은 유형 또는 인스턴스로서 발생할 수 있다. 지형지물 속성 유형 또는 지형지물 속성 인스턴스는 단지 하나를 뜻할 때 사용해야 한다. **비고 2** 지형지물 속성 유형은 명칭, 데이터 유형, 정의역을 갖는다. 지형지물 인스턴스를 위한 지형지물 속성은 해당 정의역에서 취한 속성값을 갖는다.	KS X ISO 19131
지리데이터(geographic data)	지표상의 위치를 직접적 또는 간접적으로 참조하는 데이터 **비고** 지리정보 또한 지표상의 위치에 직접적 또는 간접적으로 관련이 있는 현상에 대한 정보를 의미하는 용어로 사용된다.	KS X ISO 19131
메타데이터(metadata)	데이터에 관한 데이터 또는 자원에 대한 정보	KS X ISO 19131
모델(model)	현실의 한 부분을 추상화한 것	KS X ISO 19131
묘화(portrayal)	정보를 인간에게 보여주는 것	KS X ISO 19131
품질(quality)	요구사항에 대한 만족도를 나타내는 제품의 종합적인 특징	KS X ISO 19131
논의의 영역 (universe of discourse)	모든 관심 있는 것들을 포함하는 실세계나 가상 세계에 대한 견해	KS X ISO 19131
설명(clarification)	등록물 항목에 대한 비본질적 변경 **비고** 비본질적 변경은 항목에 대한 의미 또는 기술적 내용을 바꾸지 않는다. 설명은 등록물 항목의 등록 상태 변경을 초래하지 않는다.	KS X ISO 19135

용어명	용어 정의	관련표준
통제기구(control body)	등록물의 내용에 대한 결정권을 갖는 전문가 집단	KS X ISO 19135
지리정보 (geographic information)	지표상의 위치와 직접적 또는 간접적으로 관련된 현상에 대한 정보	KS X ISO 19135
계층적 등록물 (hierarchical register)	등록물 항목영역에 대하여 주 등록물과 하위 등록물 집합으로 구성되어 있는 구조화된 집합 **보기** KS X ISO/IEC 6523은 계층적 등록물과 관련이 있다. 주 등록물은 조직 식별자 스키마를 포함하고 각 하위 등록물은 단일 조직식별자 스키마를 따르는 기관 식별자 집합을 포함한다.	KS X ISO 19135
식별자(identifier)	고유하고 연관된 것을 영구적으로 식별할 수 있는 언어적으로 독립적인 문자의 연속	KS X ISO 19135
항목 클래스(item class)	공통의 특성을 갖는 항목의 집합 **보기** 여기서 클래스는 인스턴스 집합으로부터 추상화된 개념이 아닌, 인스턴스 집합을 언급하기 위해 사용된다.	KS X ISO 19135
현장(locale)	문자열 해석에 적용 가능한 문화 및 언어적 환경	KS X ISO 19135
주 등록물 (principal register)	계층적 등록물에서 각각의 하위등록물에 대한 기술을 포함하는 등록물	KS X ISO 19135
등록물(register)	연관 항목의 설명과 함께 항목에 부여된 식별자를 포함하는 파일의 집합	KS X ISO 19135
등록물 관리자 (register manager)	등록물 소유자로부터 등록물의 관리를 위임받은 기구 **비고** ISO 등록물의 경우, 등록물 관리자는 ISO/IEC Directives에 명시된 등록 당국의 기능을 수행한다.	KS X ISO 19135
등록물 소유자 (register owner)	등록물을 구축한 기구	KS X ISO 19135
등록(registeration)	항목에 대해 영구적이고, 유일하며, 명백한 식별자를 부여하는 것	KS X ISO 19135
레지스트리(registry)	등록물을 유지, 관리하는 정보시스템	KS X ISO 19135
철회(retirement)	등록물 항목이 새로운 데이터의 생산에 더 이상 적합하지 않다는 선언 **비고** 철회 항목의 상태는 "유효(valid)"에서 "철회(retired)"로 변경된다. 철회항목은 철회 이전에 생산된 데이터의 해석을 위해 등록물에 보관된다.	KS X ISO 19135
출처 참조 (source reference)	외부 출처로부터 등록물에 채택된 항목의 출처에 대한 참조	KS X ISO 19135
제출 기구 (submitting organization)	등록물 소유자로부터 등록물의 내용에 대한 변경을 제안하도록 위임받은 기구	KS X ISO 19135
하위 등록물(subregister)	정보 영역의 일부로에 대한 항목을 포함하는 계층적 등록물의 일부	KS X ISO 19135
교체(supersession)	하나 이상의 새로운 항목에 대한 등록물 항목의 대체 **비고** 대체된 항목의 상태가 "유효(valid)"에서 "교체(superseded)"로 변경된다.	KS X ISO 19135
기술표준 (technical standard)	등록을 요하는 항목 클래스의 정의를 포함하는 표준	KS X ISO 19135
응용	사용자의 요구 조건을 지원하는 데이터의 조작 및 처리	KS X ISO 19137
응용 스키마	하나 또는 그 이상의 응용에 요구되는 데이터에 대한 개념 스키마	KS X ISO 19137
백(bag)	반복될 수 있는 관련 항목(객체 또는 값)의 유한한, 정렬되지 않은 집합 **비고** 논리적으로 백은 〈항목, 카운트〉 쌍의 집합이다.	KS X ISO 19137

용어명	용어 정의	관련표준
경계	개체의 한계를 표현하는 집합 **비고** 경계는 그 집합이 점으로 구성되거나 그 점을 표현하는 객체들로 구성되는 기하 환경에서 가장 일반적으로 사용된다. 다른 곳에서는 어떤 개체와 그 개체를 제외한 논의 영역 간의 전이역을 기술하기 위하여 이 용어가 은유적으로 사용된다.	KS X ISO 19137
버퍼	명시된 기하 객체로부터의 거리가 주어진 거리보다 작거나 같은 모든 직접 위치를 포함하는 기하 객체	KS X ISO 19137
순환 수열	논리적 시작을 갖지 않으며, 그로 인하여 그 자체의 어떤 순환 이동과 동일한 것으로 간주될 수 있는 수열. 따라서 수열에서의 마지막 항목이 수열에서의 첫 항목에 선행하는 것으로 간주된다.	KS X ISO 19137
클래스	동일한 속성, 연산, 방법, 관계 및 개념을 공유하는 객체 집합의 명세 **비고** 클래스는 자신이 자신의 환경에 제공한 연산의 수집 목록을 명시하기 위하여 인터페이스 집합을 사용할 수 있다. 이 용어는 이런 방식으로 객체 지향 프로그래밍에서 처음 사용되었고, 그 후 UML에 이와 동일한 의미로 사용되도록 채택되었다.	KS X ISO 19137
폐합	위상 객체 또는 기하 객체의 내부와 경계의 합집합	KS X ISO 19137
공유경계	특정 위상 객체와 연관된 더 높은 위상 차원의 위상 원시객체의 집합으로, 이 위상 객체는 그들의 각 경계 안에 있다. **비고** 만일 노드가 변의 경계 위에 있다면 그 변은 그 노드의 공유경계 위에 있다. 이 관계 중 하나에 연관된 어떤 방위 변수 역시 다른 것에도 연관된다. 그래서 만일 노드가 변의 종점 노드라면(정방향성 경계선의 끝으로 규정된) 노드의 정방위(정방향성 노드로 규정된)는 그의 공유경계 위에 변을 갖는다.	KS X ISO 19137
합성 곡선	개개의 곡선(첫 곡선은 제외)이 연속적으로 앞 곡선의 끝점에서 시작되는 곡선의 연속 **비고** 직접 위치의 집합으로서의 합성 곡선은 모든 곡선의 특성을 갖는다.	KS X ISO 19137
합성 입체	공유 경계면을 따라 서로 접하는 연결된 입체의 집합 **비고** 직접 위치의 집합으로서의 합성 입방체는 모든 입체의 특성을 갖는다.	KS X ISO 19137
합성 표면	공유경계 곡선을 따라 서로 접하는 연결된 표면의 집합 **비고** 직접 위치의 집합으로서의 합성 표면은 모든 표면의 특성을 갖는다.	KS X ISO 19137
수리 기하학	기하 연산의 구현을 위한 기하 표현의 조작 및 기하 표현의 계산 **보기** 수리 기하 연산은 기하 포함 또는 교차에 대한 검수와 최소 볼록 집합 또는 버퍼 구역 계산 혹은 기하 객체 간의 가장 짧은 거리 찾기 등을 포함한다.	KS X ISO 19137
계산 위상	수리 기하학에서 일반적으로 수행되는 위상 객체에 대한 연산을 돕거나 향상시키거나 또는 규정하는 위상 개념, 구조 및 대수	KS X ISO 19137
연결	객체 상의 임의의 두 직접 위치는 객체 내부에 전체적으로 머무르는 곡선 위에 놓일 수 있다는 것을 함축하는 기하 객체의 특성 **비고** 위상 객체는 오직 그것의 모든 기하 실현이 연결될 때만 비로소 연결된다. 이것은 위상의 공리를 따르기 때문에 정의로 포함되지 않는다.	KS X ISO 19137

용어명	용어 정의	관련표준
연결 노드	하나 이상의 변을 시작하거나 끝내는 노드	KS X ISO 19137
최소 볼록 집합	주어진 기하 객체를 포함하는 최소의 볼록 집합 **비고** "최소"는 측정의 표시가 아니라 집합 이론적 최소이다. "기하 객체를 포함하는 전체 볼록 집합의 교차"라고 다시 정의할 수 있다.	KS X ISO 19137
볼록 집합	기하 집합에 있는 임의의 두 직접 위치를 결합하는 직선 선분상의 임의의 직접 위치를 포함하는 기하 집합 **비고** 볼록 집합은 "단순히 연결" 된다. 이는 그들 내부에는 구멍이 없고 도한 통상적으로 적절한 차원의 유클리드의 공과 위상학적으로 동형이라고 간주될 수 있다는 것을 의미한다. 그래서 구의 표면은 측지학적으로 볼록하다고 간주될 수 있다.	KS X ISO 19137
좌표	N차원 공간에서 점의 위치를 지정하는 일련의 N개 수들 중 하나 **비고** 좌표 참조체계에서, 위에서 설명한 수들은 단위를 가지고 있어야 한다.	KS X ISO 19137
좌표 차원	좌표 체계에서 위치를 기술하기 위하여 필요한 축 또는 측정 지수의 수	KS X ISO 19137
좌표 참조 체계	기준점에 의해 현실세계와 관련되는 좌표 체계	KS X ISO 19137
좌표 체계	좌표가 점에 할당되는 방법 명시를 위한 수학 법칙의 집합	KS X ISO 19137
곡선	선의 연속적 이미지를 표현하는 1차원 기하 원시객체 **비고** 곡선의 경계는 곡선의 양쪽 끝에 있는 점의 집합이다. 만알 곡선이 순환이라면 두 끝은 동일하고, 곡선은(위상학적으로 폐합되면) 경계가 없는 것으로 간주된다. 첫 점은 시점, 마지막 점은 끝점이라고 부른다. 곡선의 연결성은 "선의 연속적 이미지"라는 구절에 의하여 보증된다. 위상 이론에서는 연결된 집합의 연속적 이미지는 연결된다고 말한다.	KS X ISO 19137
곡선 부분	동일한 보간법 및 정의 방법을 사용하여 곡선의 연속적 요소를 표현하는 데 사용된 1차원 기하 객체 **비고** 하나의 곡선 부분으로 표현된 기하 집합은 곡선과 동일하다.	KS X ISO 19137
순환	〈기하학〉 경계가 없는 공간적 객체 **비고** 순환은 경계 구성 요소를 기술하는 데 사용된다. 순환은 스스로 폐합하기 때문에 경계가 없지만, 한정된다(즉, 무한의 범위를 갖지 않는다). 예를 들면 원 또는 구는 경계는 없지만 한정된다.	KS X ISO 19137
직접 위치	좌표 참조 체계에서 하나의 좌표 집합에 의하여 기술되는 위치	KS X ISO 19137
방향성 경계선	변과 변이 향하는 방향 중 하나와의 연관을 표현하는 방향성 위상 객체 **비고** 변의 방향과 일치하는 방향성 경계선은 (+)방향을 갖지만, 만약 그렇지 않으면 그것은 반대(-) 방향을 갖는다. 방향성 경계선은 위상에서는 동일 변의 왼쪽(+) 및 오른쪽(-)과 동일 변의 출발 노드(-)와 종점 노드(+)를 구별하기 위하여 그리고 계산 위상에서는 이 개념을 표현하기 위하여 사용된다.	KS X ISO 19137
방향성 표면	면과 그 면이 향하는 방향 중 하나와의 연관을 표현하는 방향성 위상 객체 **비고** 방향성 표면의 외부 경계를 구성하는 방향성 변의 방향은 이 벡터의 방향에서 양으로 나타난다. 위상 입체의 경계가 되는 방향성 표면의 방향은 위상 입체로부터 밖을 가리킨다. 서로 근접한 입체는, 입체 면과 그의 공유변 사이의 같은 종류의 연관에 일치하는, 그의 공유경계에 대하여 다른 방향을 사용한다. 방향성 표면은 경계를 공유하는 관계에서 면과 변 사이의 공간 연관을 유지하기 위하여 사용된다.	KS X ISO 19137

용어명	용어 정의	관련표준
방향성 노드	노드와 그 노드가 향하는 방향 중 하나와의 연관을 표현하는 방향성 위상 객체 **비고** 방향성 노드는 경계를 공유하는 관계에서 변과 노드 간의 공간 관계를 유지하기 위하여 사용된다. 노드의 방향은 변에 대하여 종점 노드는 "+", 시작 노드는 "-"가 된다. 이것은 "결과=끝-시작"의 벡터 표기법과 일치한다.	KS X ISO 19137
방향성 입체	위상 입체와 그 위상 입체가 가지는 방향 중 하나의 연관을 표현하는 방향성 위상 객체 **비고** 방향성 입체는 공유경계 관계에서 면과 위상 입체 간의 공간 관계를 유지하기 위하여 사용된다. 입체의 방향은 면에 대하여 upNormal이 밖을 향하면 "+", 안을 향하면 "-"가 된다. 이것은 입체의 경계를 정하는 표면에 대하여 "위=외측"의 개념과 일치한다.	KS X ISO 19137
방향성 위상 객체	위상 원시객체와 위상 원시객체가 가지는 방향 중 하나와의 논리적 연관을 표현하는 위상 객체	KS X ISO 19137
영역	잘 정의된 집합 [KS X ISO TS 19103] **비고** 영역은 연산자 및 함수의 영역 및 범위를 규정하기 위하여 사용된다.	KS X ISO 19137
변	1차원의 위상 원시객체 **비고** 변의 기하 실현은 곡선이다. 변의 경계는 위상 복합체 내에서 변에 연관된 하나 또는 두 노드의 집합이다.	KS X ISO 19137
변 노드 그래프	복합체 내 전체 변 및 연결 노드로 구성된 위상 복합체 내에 내재된 도표 **비고** 변 노드 그래프는 그것이 내재하는 복합체의 하위 복합체이다.	KS X ISO 19137
종점 노드	변이 사용되는 위상 복합체의 어떠한 유효한 기하 실현에 있어도 곡선으로 그 변의 끝점에 상응하는 변의 경계에 있는 노드	KS X ISO 19137
끝점	곡선의 마지막 점	KS X ISO 19137
외부	우주와 폐합 간의 차 **비고** 외부의 개념은 위상 복합체 및 기하 복합체 모두에 적용할 수 있다.	KS X ISO 19137
면	2차원의 위상 원시객체 **비고** 표면의 기하 실현은 면이다. 면의 경계는 경계 관계를 통하여 면에 연관되는 동일한 위상 복합체 내의 방향성 경계면의 집합이다. 이들은 고리(ring) 형태로 체계화될 수 있다.	KS X ISO 19137
지형지물	실세계 현상의 추상 [KS X ISO 19101] **비고** 지형지물은 유형 또는 인스턴스로 나타난다. 지형지물 유형 또는 지형지물 인스턴스 하나의 의미를 가질 때에만 사용되어야 한다.	KS X ISO 19137
지형지물 속성	지형지물의 특징 [KS X ISO 19101] **비고** 지형지물 속성은 지형지물에 연관된 이름, 데이터 유형 및 영역 값을 갖는다. 지형지물 인스턴스에 대한 지형지물 속성도 영역 값에서 취한 속성값을 갖는다.	KS X ISO 19137
함수	각 요소를 한 영역(원천 또는 함수의 영역)으로부터 다른 영역(목표, 공동 영역 또는 범위)의 유일한 요소로 연관시키는 법칙	KS X ISO 19137
지리정보	지구에 관계된 위치와 암시적으로 또는 명시적으로 연관되는 현상에 대한 정보 [KS X ISO 19101]	KS X ISO 19137

용어명	용어 정의	관련표준
기하 집합	내부 구조를 갖지 않는 기하 객체의 집합 **비고** 요소 간의 공간 관계에 관한 가정은 만들어질 수 없다.	KS X ISO 19137
기하 경계	기하 객체의 범위를 한정하는 더 작은 기하 차원의 기하 원시객체 집합에 의하여 표현되는 경계	KS X ISO 19137
기하 복합체	흩어진 기하 원시객체의 집합, 여기서 각 기하 원시객체의 경계는 동일한 집합 내에서 더 작은 차원의 다른 기하 원시객체의 합집합으로 표현될 수 있다. **비고** 집합 내의 기하 원시객체는 직접 위치가 하나의 기하 원시객체보다 더 내부에 있지 않다는 의미에서 흩어져 있다. 집합은 경계 연산하에 폐쇄된다. 이는 기하 복합체의 각 요소에 대하여 그 요소의 경계를 표현하는 기하 원시객체의 집합(또한 기하 복합체)이 있다는 의미이다. 점(기하에서 유일한 0차원 원시객체)의 경계는 비어 있다는 사실을 상기한다. 이런 식으로 만일 가장 큰 차원 기하 원시객체가 입체(3D)라면, 이 정의에 있어서의 경계 연산자 구성은 최대 세 단계 이후 끝이 난다. 이는 순환인 경계를 갖는 어떠한 객체에 대해서도 마찬가지이다.	KS X ISO 19137
기하 차원	기하 집합 내의 각 직접 위치가 그의 내부에 직접 위치를 가지고 유클리드 n 공간, R^n과 닮은(동형인) 부분 집합과 연관될 수 있을 때의 최대수 n **비고** 곡선은 실선 조각의 연속적인 모양이기 때문에 기하 차원 1을 갖는다. 표면은 R^2에 전체로 사상될 수 없지만, 각 점 위치 주위에 R^2 내의 단위 원의 내부와 닮은(연속 함수 아래) 작은 인접성을 발견할 수 있다. 그래서 2차원이 된다. 이 표준에서는 대부분의 표면 소구역(GM_SurfacePatch의 인스턴스)은 그의 정의 보간 메커니즘에 의하여 R^2의 부분에 사상된다.	KS X ISO 19137
직접 집합	직접 위치의 집합 **비고** 대부분의 경우 이 집합은 무한 집합이다.	KS X ISO 19137
그래프	변에 의하여 일부가 결합되는 노드의 집합 **비고** 지리정보 체계에 있어 그래프는 두 노드를 결합하는 하나 이상의 변을 가질 수 있고, 동일한 노드를 양 끝에 갖는 변을 가질 수 있다.	KS X ISO 19137
준동형	두 영역(두 복합체 같은) 간의 관계로, 하나가 다른 것의 구조 보존 함수를 갖는다. **비고** 준동형은 역함수를 필요로 하지 않는다는 점에서 동형하고는 다르다. 동형에는 본질적으로 서로 역함수 관계에 있는 두 준동형이 있다. 연속 함수가 "위상 특징"을 보존하기 때문에 연속 함수는 위상 준동형이다. 위상 복합체를 그의 기하 실현에 사상하는 것은 경계의 개념을 보존한다. 그래서 준동형이다.	KS X ISO 19137
인스턴스	클래스를 현실화하는 객체	KS X ISO 19137
내부	기하 객체 위에 있지만, 그의 경계 위에는 없는 전체 직접 위치의 집합 **비고** 위상 객체의 내부는 그의 기하 실현의 어느 내부와도 준동형 모양이다. 이것은 위상 기하학의 정리로부터 유도되기 때문에 정의로 포함하지는 않는다.	KS X ISO 19137
절연점	어느 변에도 이어지지 않은 노드	KS X ISO 19137
동형	일대일 대응 관계, 각 영역 간 구조 보존 함수 및 임의의 순서로 두 함수의 합성이 있는 그런 두 영역(두 복합체 같은) 간의 관계는 대응하는 동일 함수이다. **비고** 기하 복합체는 만일 그의 요소가 서로 일대일로 차원 및 경계 보존 대응 관계에 있다면 위상 복합체와 동형이다.	KS X ISO 19137

용어명	용어 정의	관련표준
인접성(neighbourhood)	내부에 명시된 직접 위치를 담고 있으면서 명시된 직접 위치로부터 명시된 거리 내에 전체 직접 위치를 내포하는 기하 집합	KS X ISO 19137
노드	0차원의 위상 원시객체 비고 노드의 경계는 공집합이다.	KS X ISO 19137
객체	상태 및 행위를 보호하는 잘 정의된 경계와 정체성을 갖는 개체 [UML Semantics [19]] 비고 이 용어는 이런 방식으로 객체 지향 프로그래밍의 일반 이론에서 처음 사용되었고, 후에 UML에 이와 동일한 의미로 사용하도록 채택되었다. 객체는 클래스의 인스턴스이다. 속성 및 관계는 상태를 표시한다. 연산, 방법 및 상태 기계는 행위를 표현한다.	KS X ISO 19137
평면 위상 복합체	유클리드 기하학의 2공간의 내재될 수 있는 기하 실현을 갖는 위상 복합체	KS X ISO 19137
점	위치를 표현하는 0차원의 기하 원시객체 비고 점의 경계는 공집합이다.	KS X ISO 19137
레코드	연관된 항목(객체 또는 값)의 한정된 그리고 지정된 집합 비고 논리적으로 레코드는 〈이름, 항목〉쌍의 집합이다.	KS X ISO 19137
고리	순환되는 단순한 곡선 비고 고리는 2차원과 3차원 좌표 체계에서 표면의 구성 요소를 기술하기 위해 사용된다.	KS X ISO 19137
연속	반복될 수 있는 관련 항목(객체 또는 값)의 한정되고 차례가 매겨진 집합 비고 논리적으로 연속은 〈항목, 지거〉쌍의 집합이다. 이 표준에서는 연속을 괄호로 구분하고 연속 내의 요소를 콤마로 분리하는 리스프(LISP) 구문이 사용된다.	KS X ISO 19137
집합	순서 없이 모은 반복되지 않는 관련 항목(객체 또는 값)	KS X ISO 19137
외면(shell)	순환되는 단순한 표면 비고 외면은 3D 좌표 체계에서 입체의 경계 구성 요소를 기술하기 위해 사용된다.	KS X ISO 19137
단순	내부가 등방적(모든 점은 동형 인접성을 갖고 있다.)인 기하 객체의 성질로, 이로 인하여 적절한 차원의 유클리드 좌표 공간의 개방 부분 집합 어느 곳에서도 국지적으로 동형이다. 비고 이는 내부의 직접 위치가 어느 종류의 자기 교차도 수반하지 않는다는 것을 의미한다.	KS X ISO 19137
입체	유클리드 3차원 공간 영역의 연속된 모양을 표현하는 3차원 기하 원시객체 비고 입체는 직접 위치의 세 매개변수 집합으로 국지적으로 실현될 수 있다. 입체의 경계는 입체의 범위를 포함하는 방향을 가지면서 폐합된 표면의 집합이다.	KS X ISO 19137
공간 객체	지형지물의 공간 특징을 표현하는 데 사용된 객체	KS X ISO 19137
공간 연산자	영역이나 범위에 적어도 하나의 공간 매개변수를 갖는 함수 또는 절차 비고 공간객체에 대한 어떤 UML 연산이라도 이 표준 8.의 질의 연산자가 그러한 것처럼 공간 연산자로 분류된다.	KS X ISO 19137
시작 노드	변을 사용하는 위상 복합체의 유효한 기하 실현에 있어서, 곡선으로 그 변의 시점에 일치하는 변의 경계에 있는 노드	KS X ISO 19137
시점(start point)	곡선 최초의 점	KS X ISO 19137

용어명	용어 정의	관련표준
강한 대체성	어떤 환경에서도 그의 전신인 인스턴스 대신 사용될 다른 클래스, 유형 또는 인터페이스의 상속 또는 실현하에서 후예가 되는 클래스의 어떠한 인스턴스에 대한 능력 **비고** 보다 약한 형태의 대체성은 함축된 대용의 환경에 다양한 제한을 만든다.	KS X ISO 19137
부분복합체	복합체의 전체 요소가 보다 큰 복합체에 역시 포함되어있는 복합체 **비고** 기하 복합체 및 위상 복합체의 정의는 그들이 경계 연산하에 폐합되는 것만을 요구하기 때문에, 특정 차원 및 그 아래 차원의 모든 원시객체 집합은 항상 원형(더 큰 복합체)의 부분 복합체이다. 이런 식으로 어떤 완전 평면 위상 복합체라도 부분 복합체라도 부분 복합체로 경계-절점 그래프를 포함한다.	KS X ISO 19137
표면	평면 영역의 연결된 모양을 국지적으로 표현하는 2차원 기하 원시객체 **비고** 표면의 경계는 표면의 한계를 그리는 지향적, 폐합 곡선의 집합이다. 구 또는 n 원환체(n "핸들"을 갖는 위상 구)와 동형인 표면은 경계를 갖지 않는다. 그런 표면을 순환이라고 부른다.	KS X ISO 19137
표면 소구역	동종의 보간법 및 정의 방법을 사용하여 표면의 연속적인 부분을 표현하기 위해 사용된 2차원의 연결된 기하 객체	KS X ISO 19137
위상 경계	위상 객체의 범위를 한정하는 보다 작은 위상 차원의 지향적 위상 원시객체의 집합에 의하여 표현된 경계 **비고** 위상 복합체의 경계는 위상 복합체의 기하 실현의 경계에 일치한다.	KS X ISO 19137
위상 복합체	경계 연산 아래 폐합된 위상 원시객체의 집합 **비고** 경계 연산 아래 폐합된다는 것은 위상 원시객체가 위상 복합체 내에 있다면 그의 경계 객체도 역시 위상 복합체 내에 있다는 것을 의미한다.	KS X ISO 19137
위상 차원	기하 객체 내에서 가까운 직접 위치들을 구분하기 위하여 필요한 최소의 자유 변수 **비고** 위에 언급한 자유 변수는 일반적으로 국지 좌표 체계로 여겨질 수 있다. 3D 좌표 공간에서 평면은 $P(u, v) = A + uX + vY$로 표시될 수 있다. 여기에서 u와 v는 실수이고, A는 평면상의 점이다. X와 Y는 평면에 접하는 두 벡터이다. 평면상의 위치는 u 및 v에 의해 식별할 수 있기 때문에 평면은 2D이고, (u, v)는 평면상의 점에 대한 좌표 체계이다. 포괄적 표면에 대해서는 일반적으로 이렇게 보편화 되지는 않는다. 만일 표면에 접하는 평면을 취하고, 프로젝트가 이 평면 위의 표면 위를 겨냥한다면 접촉점은 통상적으로 작은 인접성에 대한 국지적 동형을 얻게 된다. 기초면에 대한 이 "국지 좌표" 체계는 도면을 2D 위상 객체로 확립하기에 충분하다. 이 표준은 공간 좌표만을 다루기 때문에 어떤 3D 객체도 좌표를 통해 위상 차원을 나타낼 수 있다. 4D 모형(시공적인)에 있어서 접촉 공간 또한 객체에 대한 위상 차원을 3D 수준까지 확립하는 데 있어 중요한 역할을 한다.	KS X ISO 19137
위상 표현	다변량 다항식처럼 연산되는 지향 기하 원시객체의 집합 **비고** 위상 표현은 계산 위상에서 많은 연산에 사용된다.	KS X ISO 19137
위상 객체	지속적인 변형하에서 불변의 공간 특성을 표현하는 공간객체 **비고** 위상 객체는 위상 원시객체, 위상 원시객체 집합 또는 위상 복합체이다.	KS X ISO 19137
위상 원시객체	분해할 수 없는 하나의 요소를 표현하는 위상 객체 **비고** 위상 원시객체는 기하 실현에서 같은 차원의 기하 원시객체의 내부와 일치한다.	KS X ISO 19137

용어명	용어 정의	관련표준
위상 입체	3차원의 위상 원시객체 **비고** 위상 입체의 경계는 방향성 표면의 집합으로 이루어진다.	KS X ISO 19137
영역 면	2차원 복합체 내의 경계가 없는 면 **비고** 통상적으로 영역 면은 어떤 지형지물의 일부분이 아니며, 데이터 집합의 경계가 없는 부분을 표현하기 위하여 사용된다. 영역 면의 내부 경계(영역 면은 외부 경계를 갖지 않는다.)는 통상적으로 데이터 집합에 의하여 표현된 지도의 외부 경계로 간주된다. 이 표준은 영역 면을 특별히 다루지는 않지만, 응용 스키마는 그렇게 하는 것이 편리하다는 것을 알 수 있을 것이다.	KS X ISO 19137
영역 입체	3차원 복합체 내의 경계가 없는 위상 입체 **비고** 영역 입체는 영역 면의 3차원의 대응물이며, 이 또한 통상적으로 어느 지형지물의 부분이 아니다.	KS X ISO 19137
벡터 기하	구조화된 기하 원시객체의 사용을 통한 기하의 표현	KS X ISO 19137
정확도(accuracy)	시험 결과 또는 측정 결과와 참값 사이의 일치성의 근접도 **비고** 이 표준에서, 참값은 참으로 인정되는 기준값이 될 수 있다.	KS X ISO 19157
목록(catalogue)	항목 모음에 대한 정보를 포함하는 항목의 모음이나 전자 또는 종이 문서	KS X ISO 19157
적합성(conformance)	명시된 요구사항을 구현한 것에 대한 충실도	KS X ISO 19157
적합성 품질 수준 (conformance quality level)	데이터세트가 제품 사양이나 사용자의 요구사항을 충족했는지 결정하는 데 사용되는 데이터 품질 결과에 대한 임계값 또는 임계값의 집합	KS X ISO 19157
정확성(correctness)	논의의 영역에 대한 부합 정도	KS X ISO 19157
데이터 제품 사양 (data product specification)	데이터 제품에 대하여 제3자가 이를 생성, 제공, 사용하는 데 필요한 정보를 제공하는 데이터 세트 또는 데이터세트 시리즈의 상세설명	KS X ISO 19157
데이터 품질 기본 척도 (data quality basic measure)	데이터 품질 측정값을 생성하는 데 기준으로 사용되는 일반적인 데이터 품질 척도 **비고** 데이터 품질 기본 척도들은 추상 데이터 유형으로 데이터의 품질을 보고할 때 직접적으로 사용될 수 없다.	KS X ISO 19157
데이터세트 (dataset)	식별 가능한 데이터의 모음 **비고** 데이터세트는 비록 공간 범위나 지형지물 유형과 같은 제약조건으로 한정되어도 보다 큰 데이터세트 내에 물리적으로 존재하는 보다 작은 데이터의 그룹	KS X ISO 19157
데이터세트 시리즈 (dataset series)	공통 특성을 공유하는 데이터세트 모음	KS X ISO 19157
직접평가방법 (direct evaluation method)	데이터세트 내의 항목의 검사에 의거한 데이터세트 품질 평가 방법	KS X ISO 19157
지형지물(feature)	실세계 현상의 추상화 **비고** 지형지물은 유형 또는 인스턴스로 나타낸다. 지형지물 유형 또는 지형지물 인스턴스는 단 한 가지의 의미를 갖도록 사용해야 한다.	KS X ISO 19157
지형지물 속성 (feature attribute)	지형지물의 특징 **비고** 지형지물 속성은 명칭, 데이터 유형, 관련된 영역의 데이터 유형(value domain)을 가진다. 지형지물 인스턴스를 위한 피처 속성 또는 영역 속성값을 가진다.	KS X ISO 19157

용어명	용어 정의	관련표준
지형지물 인스턴스 (feature instance)	규정된 지형지물 속성 값을 가진 개별 지형지물 유형	KS X ISO 19157
지형지물 연산 (feature operation)	지형지물 유형에 해당하는 모든 인스턴스에서 실행 가능한 연산	KS X ISO 19157
지형지물 유형 (feature type)	공통적인 특성을 갖는 지형지물 클래스	KS X ISO 19157
지리 데이터 (geographic data)	지표상의 위치를 묵시적 또는 명시적으로 참조하는 데이터	KS X ISO 19157
간접평가방법 (indirect evaluation method)	외부 지식을 바탕으로 데이터세트의 품질을 평가하는 방법 **비고** 외부 지식의 예로서, 생산 방법 또는 원시 데이터와 같은 데이터세트의 계보(lineage)를 들 수 있다.	KS X ISO 19157
항목(item)	개별적으로 기술될 수 있거나 고려될 수 있는 것 **비고** 지형지물, 지형지물 관계, 지형지물 속성 또는 이것들의 조합과 같은 데이터세트의 특정 부분이 항목이 될 수 있다.	KS X ISO 19157
메타데이터(metadata)	자원에 대한 정보	KS X ISO 19157
메타 품질(metaquality)	데이터 품질의 품질을 설명하는 정보	KS X ISO 19157
등록물(register)	연관 항목의 설명과 함께 항목에 부여된 식별자를 포함하는 파일의 집합	KS X ISO 19157
독립형 품질 보고서 (standalone quality report)	데이터 품질 평가, 결과와 사용된 측정에 대해 완전히 세부적인 정보를 제공하는 자유 문서	KS X ISO 19157
논의의 영역 (universe of discourse)	모든 관심 있는 것을 포함하는 실세계나 가상 세계에 대한 견해	KS X ISO 19157
고객(customer)	제품을 제공받는 개인 또는 조직 **비고** 고객은 공급자 조직의 내부 또는 외부에 있을 수 있다.	KS X ISO 19158
프로세스(process)	입력물을 출력물로 변환시키는 일련의 상호 관련된 또는 상호 작용하는 활동들 **비고** 프로세스의 품질을 제어하는 데 필요한 것으로 간주되는 경우, 프로세스는 요소 활동[하위 프로세스]로 세분화될 수 있다.	KS X ISO 19158
제품(product)	어떤 프로세스의 결과	KS X ISO 19158
품질(quality)	일련의 고유한 특성이 요구사항을 충족시키는 정도 **비고** 이 표준의 목적상, 제품의 품질 특성은 다음의 내용을 포함한다. - 데이터 품질(KS X ISO 19157에 기술된 요소) - 납품 물량 - 납품 일정 - 생산 또는 갱신비용	KS X ISO 19158
품질평가 절차 (quality assessment procedure)	공급자가 요구되는 품질로 제품을 일관성 있게 제공할 수 있음을 고객이 보증하는 절차 **비고** 평가 절차란 제2당사자(고객)의 적합성 평가 활동을 말한다.	KS X ISO 19158
품질평가 결과 (quality assessment result)	품질평가 절차의 결과물	KS X ISO 19158
품질보증(quality assurance)	품질 요구사항이 충족될 것이라는 신뢰를 제공하는 데 중점을 둔 품질 관리의 일부	KS X ISO 19158
품질보증 단계 (quality assurance level)	달성된 보증 단계는 품질평가 절차의 결과이다. **비고** 품질보증 프레임워크의 일부로서 다음과 같은 세 가지 품질보증 단계를 달성할 수 있다. 기본, 운영 및 전체 품질보증	KS X ISO 19158

용어명	용어 정의	관련표준
품질관리(quality control)	품질 요구사항 충족에 중점을 둔 품질관리의 부분	KS X ISO 19158
하위 프로세스(sub-process)	프로세스의 활동 요소 **비고** 프로세스의 품질을 제어하는 데 필요하다고 판단되는 경우, 하위 프로세스는 더 세분화할 수 있다. **보기** 사진 측량 조사에서 항공 삼각 측량은 하위 프로세스라 할 수 있다.	KS X ISO 19158
공급자(supplier)	제품을 제공하는 개인 또는 조직 **보기 1** 공급자는 고객 조직의 내부 또는 외부에 있을 수 있다. **보기 2** 이 표준의 차원에서 보면, 공급자는 품질에 어느 정도 영향을 줄 수 있는 프로세스를 통해 제품을 제공하였다.	KS X ISO 19158

공간정보표준 활용 가이드 작성

부록 2. 공간정보표준 INDEX

공간정보표준 INDEX

KS X ISO 19101-1 지리정보-참조모델 ·· p.9, 66, 78

KS X ISO/TS 19103 지리정보-개념적 스키마 언어 ·· p.24, 78

KS X ISO/TS 19104 지리정보(GIS)-제4부:용어 ·· p.13, 66

KS X ISO 19109 지리정보-응용 스키마 규칙 ·· p.30, 78

KS X ISO 19110 지리정보-지형지물 목록작성 방법론 ·· p.15, 78

KS X ISO 19111 지리정보-좌표에 의한 공간참조 ·· p.42, 79

KS X ISO 19112 지리정보-지리 식별 인자에 의한 공간 참조 ·· p.44, 79

KS X ISO 19115-1 지리정보-메타데이터-제1부: 기본원칙 ·· p.40, 66, 79

KS X ISO 19125-1 지리정보-단순 피처(특징) 접근-제1부: 공통 구조(아키텍처) ············ p.46, 79, 99~100

KS X ISO 19131 지리정보-데이터 제품 사양 ···································· p.37, 66, 79, 83~92, 98

KS X ISO 19135 지리정보-지리정보 항목 등록 절차 ·· p.23, 78

KS X ISO 19157 지리정보-데이터 품질 ·· p.49, 66, 106~117

KS X ISO 19158 지리정보-데이터 제공의 품질보증 ·· p.54, 119~122

참고문헌

국토교통부, 2013, 도시계획정보체계(UPIS) 데이터베이스 구축 매뉴얼
국토교통부, 2016, 공간정보 데이터 품질 KS X ISO 19157 해설서

국토교통부 법률 제12736호, 2014, 국가공간정보 기본법
국토교통부령 제209호, 2015, 수치지도 작성 작업규칙
국토지리정보원고시 제2019-145호, 2019, 수치지형도 작성 작업규칙

KS X ISO 19101-1 지리정보 - 참조모델 -기본사항
KS X ISO/TS 19103 지리정보 - 개념적 스키마 언어
KS X ISO 19104 지리정보 - 제4부 : 용어
KS X ISO 19109 지리정보 - 응용 스키마 규칙
KS X ISO 19110 지리정보 - 지형지물 목록작성 방법론
KS X ISO 19111 지리정보 - 좌표에 의한 공간 참조
KS X ISO 19112 지리정보 - 지리 식별자에 의한 공간 참조
KS X ISO 19115-1 지리정보 - 메타데이터
KS X ISO 19125-1 지리정보 - 단순 피처(특징) 접근 - 제1부: 공통 구조(아키텍처)
KS X ISO 19131 지리정보 - 데이터 제품 사양
KS X ISO 19135 지리정보 - 지리정보 항목 등록 절차
KS X ISO 19157 지리정보 - 데이터 품질
KS X ISO/TS 19158 지리정보 - 데이터 제공의 품질보증

공간정보표준 정의, https://sites.google.com/site/sdijbnu/home/menu1
국가공간정보포털, http://www.nsdi.go.kr
벡터데이터, https://d2.naver.com/helloworld/1174
지도교실, https://mapschool.io/index.kr.html

공간정보표준 활용 가이드
- 벡터데이터 DB 구축 -

초판 인쇄 2020년 06월 18일
초판 발행 2020년 06월 25일

저 자 국토교통부, 한국국토정보공사
발행인 김갑용

발행처 진한엠앤비
주소 서울시 서대문구 독립문로 14길 66 205호(냉천동 260)
전화 02) 364 - 8491(대) / 팩스 02) 319 - 3537
홈페이지주소 http://www.jinhanbook.co.kr
등록번호 제25100-2016-000019호 (등록일자 : 1993년 05월 25일)
ⓒ2020 jinhan M&B INC, Printed in Korea

ISBN 979-11-290-1596-9 (93530)   [정가 16,000원]

☞ 이 책에 담긴 내용의 무단 전재 및 복제 행위를 금합니다.
☞ 잘못 만들어진 책자는 구입처에서 교환해 드립니다.
☞ 본 도서는 [공공데이터 제공 및 이용 활성화에 관한 법률]을 근거로 출판되었습니다.